【中學生】晨讀10分鐘

科學和你想的不一樣

PanSci泛科學 選編

目錄

科學問題和你想的不一樣

科學解釋和你想的不一樣

科學思辨和你想的不一樣

選編人的話

「這不科學啊！」但為什麼呢？

文／鄭國威

生物學研究顯示，大約從十三歲開始，青少年的生理時鐘會產生變化，不管是男生還是女生，由於腦內褪黑激素的分泌時間改變，隨著青春期的發育，流入青少年大腦的時間會越來越晚，晚上的睡覺時間及早上的起床時間都會延後，這個改變在青春期的前期開始增強，而在後期的時候，最為顯著。

既然如此，我們臺灣的國高中生，每天那麼早去學校上學，有必要嗎？如果延後半小時到一小時上學，我們的學習效果會不會更好呢？

我以前在念國中跟高中的時候，總是覺得睡不飽。我家離學校滿遠的，所以每天都很早起床，睡眼惺忪的去搭公車，晚上又常常補習，補完習還有作業要寫，很晚才能躺上床睡覺。有一段時間，我坐在班上的最後一排，又剛好是靠牆壁的座位，這實在是一個打瞌睡的完美角落，我時常在上課時，左手當枕頭，靠著牆壁，然後沒幾秒鐘就睡著了。就算被老師叫起來，甚至被叫去洗臉，回來也撐不了多久，又用同樣的姿勢睡著了。

所以說，當我最近知道，原來那段時期的我，生理時鐘因為褪黑激素分泌時間的變化而有所改變，就覺得自己真是白挨了很多罵，上課想睡覺真的不是我的問題啊！因此我非常支持國高中的上學時間，應該要延後，這樣肯定對大家的學習效果有所幫助，你們說是不是啊！

不過，我還有一些故事沒跟你說，雖然我在念國高中時有報名補習班，但其實我常常翹課去跟同學鬼混，而且我超愛看漫畫，就算回到家、寫完作業已經很晚了，我還是幾乎天天看漫畫看到睡著。也幾乎天天帶漫畫去學校，趁著下課、午休狂看，有時上課也放在桌子下或是夾在課本裡頭看。

所以，到底我上課那麼愛打瞌睡，是褪黑激素的影響，還是愛看漫畫的後果？

是家裡離學校遠的必然，還是晚上補習熬夜寫作業的下場？是老師上課太無趣該負責，還是教室的燈光不夠亮？是我的座位太讓人放鬆，還是我總是喜歡吃宵夜，所以吃飽飽躺上床又睡不著，又或者只是因為我是天生的瞌睡蟲，怪不得任何人或任何事呢？

到底我老是打瞌睡的原因是什麼，其實我自己也說不準，但從剛剛這個例子，我想跟大家說三件事：

第一：科學研究一直在推陳出新，而這些知識會直接或間接影響到我們的生活，我們都該有能力、有意願去了解。像是剛剛這個關於青少年睡眠的研究發現，就可能讓學校改變上課時間，並連帶影響到很多事情，例如，如果以後學生可以比較晚上學，跟大部分上班族的上班時間重疊了，那麼交通的尖峰期會不會更塞呢？

第二：儘管我們現在可以用科學來了解這個世界，替很多問題找到答案，但我們更喜歡也更習慣的方式，是找一個符合自己需求的答案，甚至掰出一個答案。例如，我在前面的例子，就馬上支持學生應該晚點上學，並以我以前愛打瞌睡的故事，來「證實」生物學的研究，把我打瞌睡的原因歸咎於那時候我的生理時鐘發生了變化，因為這樣就可以讓我少擔一些成績不好的責任了。

最後，我們得知道，一件事情之所以發生，原因可能有很多很多。例如我愛打瞌睡，原因可能是青春期生理時鐘的變化，但也有可能是因為我熬夜看漫畫或吃宵夜太晚睡。該怎麼找出真正的原因，而不是只憑著直覺，或聽信網路傳言、專家、媒體的說法，就認為自己知道正確答案。要逼近答案，需要一種人類先天不具備的能力，這種能力就是「科學思辨力」！

身為泛科學的創辦人，過去八年來，我以及我的同事，還有數百位各領域的作者和專家，最在乎的就是如何讓更多人在遇到跟科學有關的生活議題、社會議題、未來議題時，都能避免直覺的陷阱，而是運用科學思辨力來剖析，並且對這個世界保持好奇心。作為臺灣最大的科學網站，泛科學上有近一萬篇的科學文章，已經影響了三億人次的網友，創造了一個跨領域、不分文科理科，共論共學的線上社群。

既然已經做了那麼多事情，為什麼還要與親子天下合作，出版這本書呢？

第一個原因是，儘管泛科學上已經有了很多文章，但一篇文章只是一個節點，需要有一條線，把節點連起來，才能形成一個網狀的知識系統，而「書」這個載體，我們認為就像是「線」，可以將一篇篇文章連起來，所以我們覺得這本書非常重要。

第二個原因是，我們所處的世界，正在經歷前所未有的巨變，首先是自然環境的改變，特別是溫室效應帶來的全球暖化、海洋酸化，還有極端氣象如大規模的乾旱跟水患，物種滅絕速度越來越快，甚至可說是第六次大滅絕已經正在進行中。

再來則是科技的改變。資訊科技與生物科技，過去幾十年間以等比級數快速發展，像是再生醫學、基因編輯、物聯網、區塊鏈、人工智慧等，讓人類掌握了近乎於神的能力。而這些科技可能用在軍事、犯罪、政府監控、改造人類跟所有生物上，讓我們既期待又怕受傷害。更別提，就在短短十多年內，這世界擁有手機的人從幾萬人變成四十億人，人類每天在 YouTube、Facebook、Instagram 或抖音等熱門網路服務上頭，創造出永遠都看不完的內容，我們的政治、社會、經濟以及科學，都因此深受影響。

在這樣的改變時刻，人類社會的適應力已經跟不太上，此時最不該做的就是停留在原地。我們要讓自己能夠應對未來，做出好的判斷，最好的辦法就是學習，而我認為最該學習的，不會是任何一個特定領域的知識，而是要學科學思辨力。

有些人學了很多科學知識，但卻沒有科學思辨力，當他們看到某些專家或科學家說話，又或者是媒體上的內容，包含看似理性的科學專有名詞跟數據資料，就直覺認為那是值得相信的，這樣反而是對科學的一知半解，更容易成為偽科學的信徒。

科學跟信仰，不見得是互斥的，有時反而是最好的夥伴。如果知識就是力量，那科學就是得到這股力量的方式，而信仰則是告訴我們該在乎什麼，什麼人或什麼事比較重要，哪些該排在前面、哪些該排在後面。以農藥的使用為例，認為身體健康比較重要的人，跟認為生產效率比較重要的人，對於種植蔬果該不該使用農藥，就會有不同的看法。所以有科學家發展出不用農藥的植物工廠，也有科學家發展出除蟲更有效、更不傷身的農藥。

再以能源的使用為例，相信全球暖化的前美國總統歐巴馬跟不相信全球暖化的現任總統川普，就會有不同的施政方向。例如前者可能針對使用大量能源的企業課徵碳稅，後者則反過來補貼石油、煤炭、頁岩氣的企業，讓他們更有競爭力。

上面舉的幾個例子，想要跟大家說的是，光靠科學本身，沒辦法決定什麼該做，什麼不該做。在許多議題上，人們還是抱著不同的信念，因此我們更需要科學思辨力，才能在科學的基礎上辯論、試圖達成共識，或起碼了解分歧在哪裡。

科技的顛覆與生態的崩壞，就像四周往我們靠近的牆壁，我們若繼續做出糟糕的決定，轉圜空間就會越來越小。資訊越是爆炸，我們越需要簡潔、理性的方式來理解這個世界，並從中找到改變現狀的方法，但改變現狀是困難的，遇到困難、無法控制的事情，人就容易陷入迷信，所以更需要有堅強的理性，堅持以證據為依歸。這就是科學思辨力如此重要的原因。

正是因為科學思辨力很重要，所以在新的十二年國教自然科學領域綱要中，就強調要「使學生具備基本科學知識、探究與實作能力，能於實際生活中有效溝通、參與公民社會議題的決策與問題解決，且對媒體所報導的科學相關內容能理解並反思，培養求真求實的精神」。目前這樣的能力，一般被簡稱為「科學素養」。不過，我覺得有點太小看這能力了，聽起來好像很基本、很簡單似的，但我認為，這其實是一種能讓人在生活中做出最佳判斷、去適應未來跟創造未來的能力，所以我才稱呼這種能力為「科學思辨力」。在本書中，我們會透過選文來更深入探討喔。

做個深呼吸，咱們開始吧！

Chapter 1

科學觀察和你想的不一樣

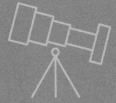

引言

科學是探索世界的過程

文／鄭國威

中文說「眼見為憑」，英文說「Seeing is believing」，網路鄉民說「有圖有真相」，不過真的是這樣嗎？

很可惜，我們人類的眼睛接收到的視覺，以及所有的感官，例如觸覺、嗅覺、聽覺、味覺等，甚至是我們的記憶，其實都不太可靠，又都會受到各自觀察角度跟生活經驗的影響，而扭曲了觀察結果，因此做好科學觀察，便是科學探索的第一道關卡。

科學是探索世界的一種「過程」，而過程的產出就是知識，如果過程出了問題，產出也很可能會失真，就像戴上了墨鏡，看出去的世界都是陰陰暗暗的，總不能說世界本來就是這樣。「那就把墨鏡摘下來就好啦！」問題是，我們很容易堅信自己沒有戴墨鏡，更不知道怎麼摘下來。所以要能科學觀察，就要先了解怎樣讓過程，也就是科學方法，符合科學的原則。原則主要有三個：

第一個原則是：要讓結果是科學的，所收集的證據必須是可以被觀察、被量度、被經歷過的。空口說白話不能當成證據，要想證明什麼，一定要是現實生活中可以「量測」得到的現象才行。例如在〈長頸鹿啊長頸鹿，你的脖子怎麼那麼長？〉這篇文章中，科學家如果想知道脖子長的長頸鹿是不是比較有生存優勢，不能只是想當然爾，而是得去記錄，去量長頸鹿吃過的灌木高度，最好也把牠們進食的過程拍下來。

接著第二個原則則是：在過程中，根據所觀察、量度、經驗的事實，去證明「假說」正確還是不正確。假說就是我們根據已經知道的知識，包括科學事實和科學原理，對想研究的自然現象及規律性提出的推測和說明，是一個暫時可以被接受的解釋。

為了避免做調查跟實驗時發生錯誤或誤解，或是運氣太好或太不好，調查跟實驗的步驟、結果都必須要能夠讓其他研究者照著做看看，這就是「可重複性」。例如在〈「熒惑守心」與歷史上的政治陰謀〉這篇文章裡，你會看到為什麼火星的位置跟帝王的政權會被錯誤但刻意的連結起來，這就是還不具有科學思維的古人，對於「可重複性」這一點的不理解。看完之後也可以想想看，我們在看到令人嘖嘖稱奇的科學新聞時，例如「吃××○○能預防癌症」，就算看起來合邏輯，也都該問問自己「有其他研究者重複實驗過了嗎？」

第三個原則，就是整個過程都必須是客觀的。所謂客觀，就是調查與實驗者的意志，不能夠影響步驟的進行和數據的取得，就算實驗者百分之百確認實驗結果，也必須要以各種方式和實驗設計，來減低實驗者可能帶來的影響，這就是「把墨鏡摘下」的意思。

例如在〈海鳥食安大危機——不死的塑膠垃圾〉這篇文章中，就算對海鳥誤食塑膠垃圾的現況再生氣，如果想要知道海洋塑膠都到哪裡去了，也得從各種地區的各種海鳥身上做調查，而不只是看網路上的海鳥屍體圖片就下定論，或是只到「最常發現體內充滿塑膠垃圾的屍體」的地方採樣本。

客觀也意謂著，科學家在實驗取樣的時候，要重視隨機性跟代表性。就算是針對特定實驗對象，反覆實驗，也要儘可能讓施測時的條件一致，避免實驗者或被實驗者刻意造成的差異。這一點，在以人類為對象的實驗上尤其要特別小心，像是有些針對超能力的研究，就是違反客觀原則的重災區。

為了滿足這三大原則，科學家需要在整個過程中，完整保留所有紀錄、結果和資料。這可不是要讓記性差的科學家可以記得之前到底實驗是怎麼做的，而是能讓之後的科學家重複實驗步驟。而且，科學家也應該把實驗的紀錄、結果和資料保留好，儘可能公開接受檢驗；若有違背科學原則的隱瞞或刪減，通常會在各方的檢視下或他人重複實驗下現形。

就算對自己的科學觀察有自信，符合上述科學原則，也不代表就萬無一失。所以科學家得對於「自己支持或信任的假說和理論被新出現的事證推翻」的可能性保持開放、彈性和豁達。

當然，如果你約會遲到半小時，發現女朋友或男朋友很生氣，你肯定不會還在那邊觀察、提出問題假說，然後重複實驗，然後再觀察，確定對方是不是因為你遲到半小時才生氣，或是如果遲到二十八分鐘，是不是就不會生氣……。科學觀察，的確不容易！

十種一直在你身邊的昆蟲室友

2016/03/16 原刊載於泛科學網站 https://pansci.asia/archives/95396

文／李鍾旻

今天要介紹的是「昆蟲室友」。現在，你腦海裡正閃動著什麼樣的想法？是覺得好奇、覺得有趣，或者盡是負面的聯想，認為牠們很髒、一想到就背脊發涼？好吧，不管你對昆蟲是喜歡還是恐懼，有件事你非認清不可：其實，你一直都跟昆蟲們住在一起。

我們所住的屋子，不管是公寓、別墅或大廈，除了蟑螂、蚊子、蒼蠅等這些廣為人知的「衛生害蟲」，還存在著許多你可能從未留意過的昆蟲室友，這是千真萬確的。

這邊列舉出十種在住家中出現率極高的昆蟲，待你看過以下說明後，再回想一下——牠們，是不是讓你覺得似曾相識？

一、書本裡的小點

曾經在翻開書本，特別是當翻開那泛黃的舊書時，見到裡頭有細小、沒有翅膀的蟲子在移動嗎？那麼，你可能是見到了「書蝨」。

書蝨的外觀略呈扁平，後足的腿節特別粗，主要以黴菌和植物性碎屑為食，在野外環境中的數量很多，但也常在居家環境出現。生活在住家裡的書蝨，往往會藏匿在累積塵埃的角落、發霉的家具、書櫃及舊紙堆中。

幾乎家家戶戶都會有書蝨，不過牠們的體型很小，不太容易被人發現。

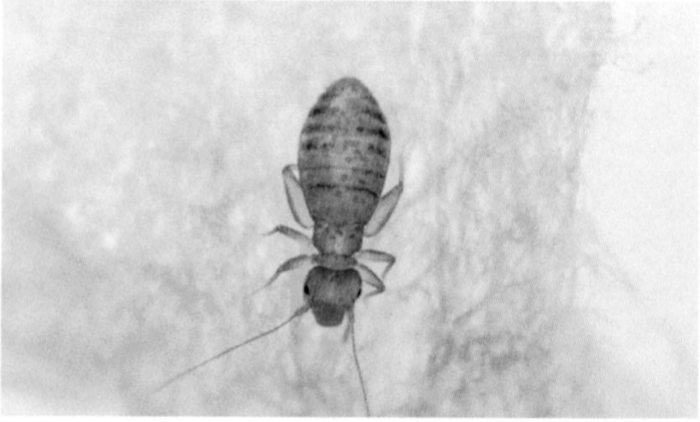

書蝨（*Liposcelis sp.*），體長約 1 至 1.3 公釐。書蝨在分類上屬於嚙蝨目，書蝨屬。

二、喜歡潮溼的蟲子

在溫暖潮溼的地方較容易見到，牠們叫做「擬竊嚙蟲」，外表具有翅膀、細長的絲狀觸角，能夠行走、跳躍，但不擅飛行。通常在牆壁上活動，往往集體出現，但數量不多，專以牆上長出的微小黴菌為食，所以多半會出現在長有真菌的角落，有時也能在浴室發現牠們。

擬竊嚙蟲和書蝨在分類上屬於同一目的成員，但住宅中的擬竊嚙蟲通常不如書蝨那麼常見。

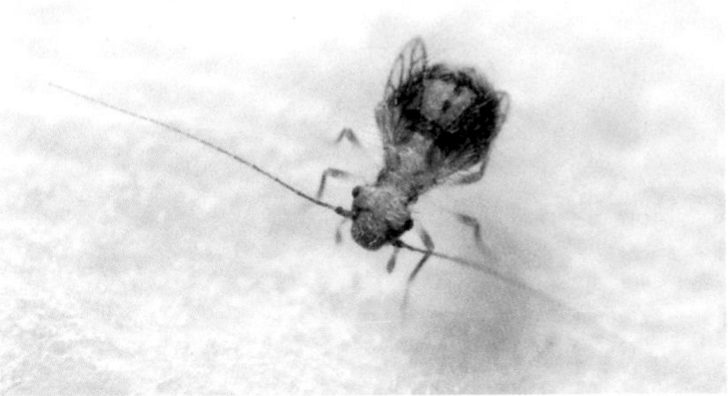

擬竊嚙蟲（*Psocathropos sp.*），體長約 1 至 2 公釐，分類上屬於嚙蝨目，擬竊嚙蟲屬。

三、看，牆壁上有什麼？

我猜你或你的家人一定見過牠。屋子的牆角或家具縫隙，那些灰色紡錘狀，貌似水泥塊的神祕物體，其實是「衣蛾」的幼蟲，以及牠們所造的筒巢。筒巢就是那水泥塊般的構造，是由幼蟲吐絲製造，並黏附了沙粒而組成，幼蟲則躲在裡頭。

衣蛾幼蟲長期躲在筒巢內，行動緩慢，喜陰暗環境，一般以毛髮、蜘蛛絲等為食，所以我們如果一陣子沒有清掃室內，會在牆角的頭髮堆裡找到牠們。另外，已知國外有些種類的衣蛾會取食真皮或絲織品製的服飾，但臺灣的種類則沒有對衣物造成危害的相關紀錄。

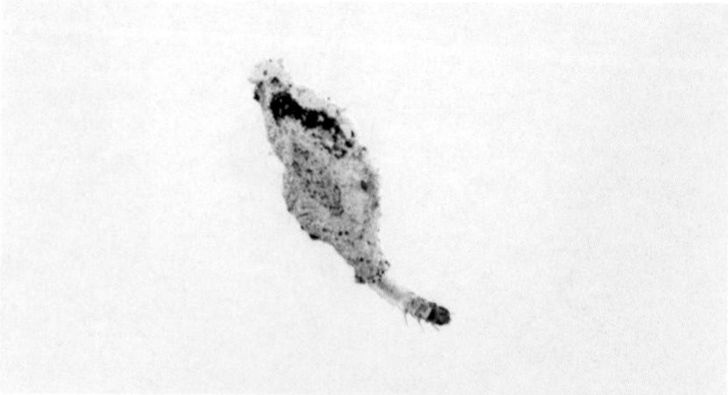

衣蛾（*Phereoeca uterella*）的幼蟲，常能在衣櫥或書桌的夾層中發現牠們。一般我們所稱的「衣蛾」，英文稱為「clothes moth」，為蕈蛾科裡數種居家環境中常見蛾類的統稱。

四、不太衛生的「小愛心」

浴室、廁所牆壁上那種看來類似「顛倒愛心」造型的小蟲，這個我敢肯定，你一定親眼見過，因為牠們實在太常出現了。這類昆蟲叫做「蛾蚋」，或稱蛾蠅，廣泛分布於熱帶至溫帶地區，一般出沒於住宅或汙水處理廠等環境。臺灣居家常見的有兩種，分別是體型較大的白斑蛾蚋，以及體型比較小的星斑蛾蚋。

雖然長得像愛心，但牠們的幼蟲生活在汙濁的排水溝。成蟲常停棲在廁所牆面，有時也會飛到室內的牆壁上。

白斑蛾蚋（*Telmatoscopus albipunctatus*），或稱白斑大蛾蠅，在分類上屬於雙翅目蛾蚋科，蛾蚋亞科（*Psychodinae*）。

五、米缸中的象鼻蟲

「米象」，又稱米象鼻蟲，牠就是一般我們說的「米蟲」啦！

米象是象鼻蟲的一員，頭部鼻子似的細長構造其實是特化的口器。在人類社會中，米象是白米、糙米的主要害蟲，米象成蟲會在這些穀物的果實上產卵，孵化後的幼蟲便會以之為食，在穀粒中生活、化蛹。牠們也會危害玉米、高粱、小麥等穀物。

早期的農家會在家門前曝晒剛收成的稻穀，在那些曝晒中的稻穀裡，就常常可以看到米象的成蟲在其間爬行。

米象（*Sitophilus oryzae*），體長約 2.5 至 3.5 公釐，為世界性分布，象鼻蟲科的物種。

六、舊報紙裡有一大堆

你對衣魚應該不至於太過陌生吧？這類昆蟲外觀大多呈銀白色或灰色，平時置身在房屋縫隙或家具間。棲息在室內的衣魚，嗜食澱粉類的植物性材質。如其名，會取食衣服以及各類紡織品，另外也會吃食紙類，所以在舊報紙堆裡很常發現牠們。

平時家裡的衣物、書本都可能受衣魚啃食而破損。若擺放多時的紙張，邊緣出現了不規則的缺口、孔洞，極有可能是衣魚所造成的。

報紙堆中發現的毛衣魚（*Thermobia domestica*），一種常見的衣魚。俗稱的「衣魚」，在分類上指的是纓尾目的昆蟲，體長約 1 至 3 公分。

七、誰的幼兒住在花瓶裡？

大家都看過蚊子，可是，蚊子的幼生期，一般人可能未必熟悉。蚊子的幼蟲、蛹都是在水中度過，什麼地方最容易發現牠們？室內的花瓶、冰箱底下的水盤，或者放很久的積水容器，都有機會看到！

尤其是白線斑蚊、埃及斑蚊，牠們偏愛選擇在人工的積水容器內產卵，所以我們特別容易在室內外見到這兩種蚊子的幼蟲。不過，埃及斑蚊大多只分布在西南部地區，故又以分布全臺灣平地與山區的白線斑蚊最常被我們發現。

這不是外星人，牠是白線斑蚊（*Aedes albopictus*）的蛹，室內外的積水容器裡都很常見。我們所稱的「蚊子」，一般指的是雙翅目蚊科底下的種類。

八、會偷吃餅乾的小甲蟲

菸甲蟲是紅褐色的小型甲蟲，外觀橢圓、善於飛行，主要取食乾燥的植物性食品。牠有個明顯的特徵：頭部幾乎與軀幹垂直，並有裝死的習性，受驚時會立刻縮起頭與六隻腳裝死。

之所以名為菸甲蟲，原因是這種昆蟲以危害儲藏菸葉而聞名。菸甲蟲不僅能夠取食對多數昆蟲具有毒性的菸草，更是原料菸葉的重要害蟲，故俗稱「菸甲蟲」、「煙甲蟲」。

菸甲蟲（*Lasioderma serricorne*），體長約 3 至 4 公釐。

九、蟑螂剋星來也

蜚蠊瘦蜂雖然大小類似蒼蠅，卻是一種寄生性的蜂類。假若在家裡發現了牠們，怕蟑螂的你，請善待牠們，因為蜚蠊瘦蜂是不折不扣的蟑螂殺手！這種蜂專門以蟑螂卵為寄生對象，因此能夠減少蟑螂的數量。牠們生著一對藍色具光澤的眼睛、纖細的「腰部」，扁扁的腹部總是隨時擺動著。覓食時，時而飛行，時而於地面爬行。

已知蜚蠊瘦蜂的寄主有澳洲蜚蠊、美洲蜚蠊、棕色蜚蠊、家屋斑蠊等。

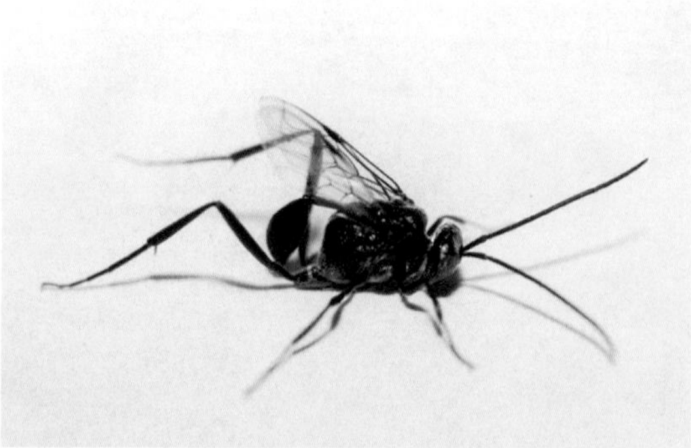

蜚蠊瘦蜂（*Evania appendigaster*）。

十、洗臉時，牠就在你旁邊跳著

有沒有在潮溼的地板上，或浴室的洗手臺上見過體型超級小、會彈跳的小蟲？那很可能是見到了跳蟲。跳蟲又稱彈尾蟲，許多種類以真菌、有機碎屑、腐植質為食，在土壤中很常見，有時也出現在潮溼的室內。為什麼叫做「跳蟲」？因為牠們腹部具有彈跳構造，遭遇天敵時能夠以彈跳的方式逃開。

跳蟲曾被歸類在昆蟲綱中的彈尾目，不過，由於牠們有許多特徵與昆蟲不同，後來被提升為「彈尾綱」，不再屬於昆蟲類；但也有部分學者將之視為廣義的昆蟲。

這是一種出現在浴室裡的跳蟲。「跳蟲」泛指彈尾綱的動物。

以上這些昆蟲室友的精美相片，有沒有慢慢喚起你的回憶？想起來了沒，你曾在房間的某個角落見過當中的幾種，然而卻對牠們的一切不太熟悉，對不對？原因可能是——這些生活在房舍裡的昆蟲多半體型不大，且外表並不鮮豔動人，所以往往不太引人注目吧！

說了這麼多，該輪到你了，要不要試著到牆邊、廚房、臥室、櫥櫃裡找找看，算一算今天你家裡可以找到幾隻蟲？

假掰科青的實驗室

路邊的野花別亂採、路邊的小蟲別亂碰！

文／沙珮琦

書蝨、衣蛾、米象等家裡的小室友雖然看上去不太討喜，但其實是很自然的存在，對於我們的日常生活也不會有什麼危害。不過，出了家門可就不太一樣了。

像是每年清明之際就會開始流行的恙蟲病，便是因為被帶有立克次體的恙蟎幼蟲叮咬所造成的感染。這種小蟲會躲藏在草叢中，如果不幸感染，潛伏期約為 9 至 12 天，會出現持續性高燒、頭痛、淋巴結腫大等症狀，必須好好治療。

此外，隱翅蟲也是有些惱人的小傢伙。如果不小心把牠打死，讓皮膚沾染到牠的體液，會發生隱翅蟲皮膚炎，皮膚就會刺痛、紅腫，甚至引發水泡等症狀。

而荔枝椿象也是我們應該要避開的小蟲。這種蟲會危害荔枝、龍眼及臺灣欒樹，如果不小心碰到牠的分泌液，會有短暫失明的可能；又若是直接接觸到蟲體，也可能會引起皮膚炎和過敏反應。

如果我們能對身邊常見的昆蟲有著正確的認知和理解，就能用知識好好保護自己，不需要在碰到小蟲們時過度緊張害怕喔！

參考資料：❶ 鄭國威（2016 年 6 月 10 日）。臺灣夏季花東與離島高發的恙蟲病是哪一種恙蟎造成？ 2019 年 4 月 16 日，取自泛科學網頁：https://pansci.asia/archives/flash/99849 ❷ 胡芳碩（2017 年 12 月 20 日）。隱翅蟲真的有那麼可怕嗎？隱翅蟲皮膚炎又是怎麼一回事？ 2019 年 4 月 16 日，取自泛科學網頁：https://pansci.asia/archives/131541 ❸ 黃基森、何旻遠（2014 年）。都會環境新興害蟲 - 荔枝椿象 (Tessaratoma papillosa)。2019 年 4 月 16 日，取自臺北市立大學網頁：https://sisiapdag.moe.edu.tw/_updata/sys_message/%E8%8D%94%E6%9E%9D%E6%A4%BF%E8%B1%A1%E9%9B%BB%E5%AD%90%E5%A0%B1-%E9%BB%83-f0804.pdf

海鳥食安大危機——不死的塑膠垃圾

2015/09/09 原刊載於泛科學網站 https://pansci.asia/archives/85046
文／吳培安

海洋的塑膠垃圾已經成為當代最嚴重的環保議題之一，足以與氣候變遷、海洋酸化和生物多樣性流失相提並論，而且仍在持續惡化。而在今年，海洋生態學家克里斯．威爾考克斯（Chris Wilcox）所發表的全球規模研究預估：到了二〇五〇年，他們所研究的海鳥種類將有九九點八%的個體都會誤食塑膠。

沒看見，不代表就不存在

「眼不見為淨」，似乎能夠貼切的形容人類看待塑膠垃圾的態度。千萬年前死去的史前海洋生物，在地底持續高熱加壓，最後形成了以碳氫化合物為主的石油。而在人類史進入工業時代後，人們將石油從地層中抽出，加工煉成、製造出塑膠。製程便宜、性質多變、輕巧又便利的塑膠，無疑大大改善了人類的生活。只要你還在都市裡，所見之處必然有塑膠製品。

然而，這些塑膠被人利用完，成為廢棄物後，都跑到哪裡去了呢？

答案是：它們難以分解，仍頑強的在這個世界的各個角落不肯離去。現在，人們每年製造將近三億噸塑膠，廢棄之後大多會在陸地上的掩埋場或垃圾坑中封印長眠，只有一％會進入海洋。然而早在四十年前，美國國家科學院就有研究指出仍有將近千分之一的塑膠會被河流、洪水或暴風雨沖走，或者直接被海上船隻傾倒、進入海中。而且，自一九五〇年代以來，全球的塑膠垃圾每十一年就增加一倍；即使最後只有一％會進入海洋，但以現今的垃圾生產速度來看，每年還是有三十萬噸的塑膠垃圾進入海中。

海上塑膠垃圾都去哪裡了？

那麼，這些流進海中的塑膠垃圾都去哪裡了呢？這些垃圾有的漂流到北極，變成流冰的一部分；有的沖刷到岸邊，日久成了海邊的「塑膠石」。不過，大多數的垃圾仍漂浮在海上，在廣闊海洋中心的巨大渦流中反覆輪迴，就好像一座垃圾之島。這樣的巨大渦流，在全世界主要有五區。

為了得知有多少廢棄物在五大海洋渦流中漂浮，全球海洋研究計畫「馬德里遠征隊」（Malaspina expedition）在二〇一〇、二〇一一年派出四艘輪船前往五大渦流區域，以細目網持續捕撈垃圾數個月。結果發現，五大渦流區域表面每平方公里就有六十萬個廢棄物碎片。然而意外的是，根據先前製造垃圾的速率，研究團隊原本預期會撈起千萬噸垃圾，但實際撈起的重量最多也只有四萬噸。計畫領導人卡洛斯．杜阿爾提（Carlos Duarte）對此表示：「我們無法解釋九九％海中的塑膠。」

既然海中有九九％的塑膠垃圾無法解釋，那它們都去哪裡了？答案令人遺憾，其中一個可能就是被海洋動物吃掉了。塑膠垃圾可能早已進入全球海洋食物網，而在全世界海域漁獵的人類，無疑也是食物網的一分子，而且還站在高階消費者的位置，吃著各式各樣的海鮮。

塑膠垃圾的壞，海鳥最知道

只要在海上漂流，塑膠就會變成更小的碎塊。當垃圾在開闊的海面上漂流時，波浪的拍打和來自太陽的輻射都能將它們分解成更小的碎塊、越變越小。許多人以「塑膠濃湯」形容這個現象，因為這些塑膠就像是熱湯裡的馬鈴薯塊越煮越小，最後變得無所不在。直到這些碎屑小到約直徑五公釐以下、開始變得像是食物，就可能會被海洋生物吃下，比如像是燈籠魚（lanternfish）這類廣布世界、且已有食入塑膠紀錄的小型魚。

這些塑膠垃圾危害海鳥及其他海洋生物的原因，主要有三：（一）被網目纏住或塑膠環、塑膠袋套牢，導致活動或發育上的障礙。（二）吞下體積較大的塑膠後，無法順利通過消化道，堆積在胃中占去相當的空間，讓動物無法攝取到足夠的營養。（三）有的塑膠會吸收並濃縮環境汙染物，隨著攝食進入動物體內、在消化道內釋放出來，例如殺蟲劑成分**DDT**、類戴奧辛物質多氯聯苯等，這兩種物質不但不易在自然下分解，也容易在脂肪組織中累積、具有致癌性。

海鳥是誤食垃圾的受害生物中，被研究較為透澈的動物，因此成為海洋生態學家關注的重點對象之一。今年八月，克里斯·威爾考克斯（**Chris Wilcox**）等人在美國國家科學院院刊上發表的研究警告：塑膠汙染對海鳥的威脅越來越強，且已蔓延成全球性的問題。研究團隊根據過往累積的資料，包括八十種以上的海鳥誤食塑膠紀錄、活動海域、漂浮塑膠的已知濃度、塑膠生產成長速率等一同進行空間風險分析（**spatial risk analysis**），預測今日已有九〇%的海鳥個體已經吃下塑膠，而且受難鳥的數字還在上升。

而且，在他們二〇一五年最新的研究成果中，全世界海鳥影響風險最高的海域位在塔斯曼海（Tasman Sea，位於澳大利亞和紐西蘭之間）的南方，但這裡在過往卻是人類活動壓力和塑膠垃圾濃度都較小的區域，顯示海鳥不一定要靠近五大渦流獵食，就可能會誤食塑膠垃圾。此外，這篇研究也指出一八六種、四十二屬的海鳥都將加入這場致命的爛局，包括信天翁（albatrosses）、海鷗（gull）、海燕（petrel）和企鵝（penguin）。如果狀況持續惡化下去，他們所關注的物種到了二○五○年就會有將近九九點八％的個體都將食入塑膠。

而蒙受塑膠之害的生物，當然不只海鳥。除了五分之一種類的海鳥，幾乎所有的海龜種類、近乎半數種類的海洋哺乳類也是受害者，其中更涵蓋了將近十五％是國際自然保護聯盟（International Union for Conservation of Nature and Natural Resources, IUCN）紅名單的瀕危物種，像是夏威夷僧海豹（Monachus schauinslandi）、蠵龜（Caretta caretta）等。除了這些體型較大的動物，許多微小生物也會攝入塑膠，再循環到鮪魚、旗魚等大型魚類，甚至是進到鯨魚體內；且在生物累積的作用下，塑膠含量還會越積越多。事實上，二○一二年就有研究顯示超過六百種生物受到海洋塑膠垃圾的影響，從微生物到大鯨魚都有，多半是因為攝食，但偶爾也有因為被大型殘骸纏身，比如說老舊的魚網。

「我們幾乎不可能去計算動物們吃下多少量的塑膠。」海洋教育協會（Sea Education Association）的卡拉．羅博士（Kara Law）說：「我們還需要有更好的估計方法，來得知每年多少塑膠進入海洋。」

塑膠垃圾的結局

流入海洋的塑膠垃圾除了被海洋生物吃掉之外，還有其他幾種可能的歸宿。它們可能被沖上岸，被分解成小到偵測不到的碎塊；它們可能被微小的生物黏上，微生物持續增生、使其變重，繼而沉入海面之下。羅博士認為：「這些找不到的海中塑膠，最好的結局就是沉到海床去。不過，其他更糟的結局其實有點難設想，因為我們清楚這些塑膠並不會分解。」

毫無疑問的，海洋塑膠已經成為跨域議題，而且即使是現在看似沒有塑膠殘骸的地方，在未來可能也將隨著塑膠碎片濃度上升而成為威脅。威爾考克斯的海鳥研究方法雖然可能過於簡化，但其可貴之處在於它橋接了各資料之間的隔閡，而不再只是研究各個獨立區域或物種資料，並且描繪出了地理熱點，提供未來海洋塑膠問題的分析參考。

近年來的材料科學領域中，也有許多生物可分解的新型塑膠，以及新的材料陸續問世。雖然全世界的塑膠垃圾問題，看來在短期內無法解決，但我們仍能透過選擇對環境較為友善的生活方式，減少對塑膠的依賴。期許在未來，這些不死塑膠的問題能夠就此改善，而我們也能夠找到更好的材質取代塑膠，不危害其他生命、繼續在地球上生存著。

參考資料：

1. Sid Perkins (2015, August 31). Nearly every seabird may be eating plastic by 2050. *Science*. Retrieved from https://www.sciencemag.org/news/2015/08/nearly-every-seabird-may-be-eating-plastic-2050

2. Secretariat of the Convention on Biological Diversity (2012). *Impacts of Marine Debris on Biodiversity: Current Status and Potential Solutions* (CBD Technical Series No. 67). Secretariat of the Convention on Biological Diversity. Retrieved from https://www.cbd.int/doc/publications/cbd-ts-67-en.pdf

3. Wilcox, Chris, Erik Van Sebille, and Britta Denise Hardesty. "Threat of plastic pollution to seabirds is global, pervasive, and increasing." *Proceedings of the National Academy of Sciences*. (2015): 201502108.

4. Angus Chen (2014, June 30). Ninety-nine percent of the ocean's plastic is missing. *Science*. Retrieved from https://www.sciencemag.org/news/2014/06/ninety-nine-percent-oceans-plastic-missing

假掰科青的實驗室

你的塑膠垃圾，海洋生物的生物危機

文／陳亭瑋

人類行為對於這個世界有著舉足輕重的影響，多是積沙成塔、滴水穿石的累積而來。溫室氣體排放導致的全球暖化、塑膠垃圾造成的海洋汙染，都是很類似的例子。這些微小的累積改變了世界，而我們卻後知後覺直到難以逆轉才嘗試彌補。

自 1950 年代以來，全球的塑膠垃圾每 11 年就增加一倍。即使最後只有 1% 會進入海洋，但以現今的垃圾生產速度估算，每年仍會有 30 萬噸的塑膠進入海中。這些進入海中的塑膠，除了成為漂浮的「垃圾之島」，還嚴重危害各種海洋生物。研究預測今日已有 90% 的海鳥個體已經吃下塑膠，而且「受難鳥」的數量還在上升中。除了海鳥，幾乎所有種類的海龜、半數種類的海洋哺乳類也是塑膠垃圾的受害者。

前面這些結論，是科學家累積大量的、長時間的研究成果，才得以告訴我們：「你的塑膠垃圾，對於這個世界會有什麼影響？」而這也是為什麼，許多大規模、非常嚴重的問題如全球暖化，儘管我們渴求答案，卻往往難以得到快速且一致的解答。

「熒惑守心」與歷史上的政治陰謀

2016/08/10 原刊載於泛科學網站 https://pansci.asia/archives/99223

文／歐柏昇

你是否注意到，二〇一六年八月晚上的南方天空，有兩顆紅色的星星靠得非常近？你是否疑惑那是什麼呢？

深夜無人的時候，紅色的星總會給人一點畏懼，帶著一點血氣，或帶著人對廣漢宇宙的敬畏。開門見山的告訴你答案，這兩顆星是火星和心宿二（天蠍座的心臟），一個是紅色的行星，一個是紅超巨星。二〇一六年兩顆紅星相依，而且火星一度停留在心宿二附近，這就是古人認為最凶惡的天象——「熒惑守心」。

古人眼中的熒惑守心：影響帝王命運的異象

古人有「天人感應」的說法，認為天象與人事有強烈的對應關係，所以對於天象的每一分變化都非常留意。每顆星星有不同的星占意義，可根據它的運行、明暗、顏色來探知人事。

「熒惑守心」天象的兩位主角，在星占上代表什麼意思呢？火星古稱「熒惑」，與饑荒、疾病、亂事有所連繫。星占上會利用火星的「行度」去判斷，這又是什麼意思？我們知道火星是顆行星，而所謂的「行星」，顧名思義就是會不斷行走，在群星之中的位置日日月

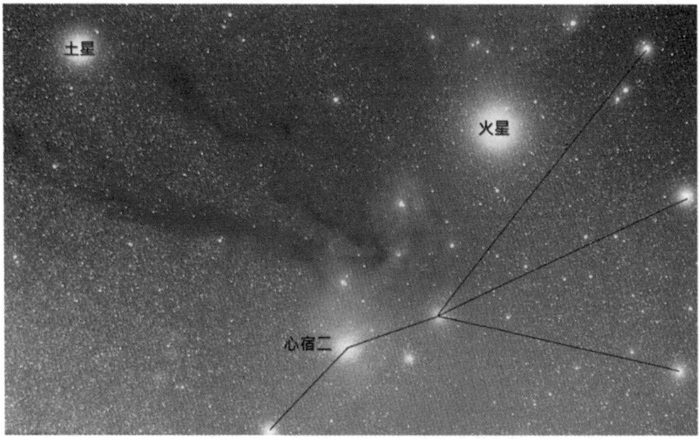

「熒惑守心」：2016 年 5 月 7 日凌晨二時的火星與心宿二。

月的移動，有時候在獅子座、有時候跑到天蠍座。古人就觀察到，行星在天空中多半是往同一個方向「行走」，但是偶爾會突然「倒退嚕」，逆著走一段，這個現象稱為「逆行」。當火星「倒退嚕」的時候，古人認為它偏離了理想的運行軌道，脫離了正常的運行方式，代表國家失去了禮，是一個不祥的徵兆。

另外一個主角是心宿二，這顆星在西洋星座中屬於天蠍座，在中國古代則劃在二十八宿的「心宿」當中。心宿代表天子祭祀的明堂，與君主有很大關係，另也是「熒惑之廟」。可想而知，兩顆紅色的星星接近的時候，在古代星占裡是多麼嚴重的事情！

當火星的運行從順行轉向逆行（往前跑轉為倒退跑的瞬間），或從逆行轉向順行（倒退跑轉為往前跑的瞬間）的時候，就會暫時停了一下子，這稱為「守」或是「留」。如果火星暫時停留下來的地方在心宿，就稱為「熒惑守心」。熒惑守心的天象出現，直接影響到君王的命運，將發生「大人易政，主去其宮」，也就是帝王要遭殃了！

宋景公說好話的故事

我們就從春秋時代宋景公的故事說起。《呂氏春秋》記載，宋景公三十七年（西元前四八〇年），由於熒惑在心宿，景公非常緊張，跑去問子韋。

子韋說：「這是老天爺要懲罰景公了，但是這個災禍可以轉移給宰相。」

景公說：「宰相要治理國家，讓宰相死是不好的事啊！」

子韋又說：「那可以轉移給人民。」

景公則說：「人民死了，那我當誰的君王呢？寧可我一個人死。」

子韋又說：「可以轉移給今年的收成。」

景公說：「歉收人民就會飢餓，挨餓就會死。當個君王要殺人民來讓自己活，有誰還會把我當成君王呢？」

結果子韋恭賀景公：「您今天說了三句有功德的話，老天爺一定會有三個賞賜，今天晚上火星會遷徙三舍，您也會延長壽命二十一年。」

這個故事從今天來看，你一定會覺得太好笑了，一定是編出來的嘛！古代早就有許多人質疑了，例如東漢的王充就說，如果說三句好話就延壽二十一歲，那堯舜說了那麼多好話，不就活到一千歲了嗎？

但是，這樣的故事在古代有特殊的意義，後世有很多臣子引用這個故事來說理。這是因為古人相信天與人的相應關係，並以此來規範君主的德行。也就是說，人做錯事，老天爺會譴責；人做好事，老天爺會嘉許！連君王都必須戰戰兢兢，以「謙卑、謙卑再謙卑」的心態治理國家。所以古人觀察天象，其實經常不在於解釋天象本身，而是用來說明一些人事的道理，這是人和老天爺的對話。

用天文科學破解歷史謎團

什麼？天文科學可以破解歷史謎團？沒錯，宋景公時熒惑在心的故事，歷代皆有人討論，直到最近，我們有了新的方法來探究這些謎團。現在我們很清楚行星運行的軌道，可以精準計算天象發生的時間，包括日食、月食、火星逆行等，天文館都會在一年之初把確切時間告訴大家，我們都可以準備好望遠鏡，等著這些天象出現。而今天也可以精準推算出古時候的天象，就能幫助我們解答很多歷史謎團了。

清華大學歷史所黃一農教授，利用天文科學的精確計算，考證中國古代二十三次「熒惑守心」的紀錄，結果發現一項驚人的結果：**二十三次裡面有十七次根本沒有發生**！雖然後來有學者進一步研究，說明有一部分只是寫錯時間或位置，但這些天象紀錄仍然有嚴重的失真情形。宋景公時期不只沒有「徙三舍」、延壽二十一年這些誇張的事，而且熒惑守心在當時根本就沒有發生！所以，我們不必太嚴肅看待這些說好話的結果，把它當成一個民胞物與的寓言故事來讀就可以了。

宋景公說好話的故事還不夠吸引人嗎？更精采的在後頭啦！現在要來告訴你漢朝的熒惑守心故事，現代天文學提供了證據，再配合史書記載的人事洞察，不但發現某些古代天象紀錄失真，更揭露了故事背後的政治陰謀，讓我們解答歷史謎團。

熒惑守心與丞相翟方進之死

臺灣大學張嘉鳳教授、清華大學黃一農教授曾詳細研究西漢末年的熒惑守心與丞相翟方進之死，揭開了古代宮廷精采的政治鬥爭。天文科學在這項研究中，成為歷史考證的重要依據，讓我們看到中國古代的天文，與政治有相當密切的關聯。

事情的背景是這樣的。漢代有強烈的天人感應思想，使得天文與政治脫離不了關係。天人感應對異常天象的解釋在漢代盛行，天象的「符瑞」與「災異」都與王者之治有關。也就是說，只要「天有異象」，可能就代表皇帝做得不好，他必須立刻檢討，才不會再遭受老天爺的懲罰。所以這種天人感應的觀點，原本有個很重要的功能，就是限制皇帝的權力；皇帝如果殘暴，上天會透過災變來懲罰他，所以皇帝必須有德行。

不僅皇帝需要承擔，丞相也有「理陰陽，順四時」的責任。而實際上的行政責任，常常是丞相負責的。發生天災總要有人承擔政治責任，就好比現在有時颱風、地震還是會讓官員下臺，差別則在於古人把異常天象當成一種天災。既然天象與政治責任有關，當然就可能遭到有心人士利用，把它當成政治鬥爭的工具了。

故事發生在西漢末年，漢成帝綏和二年（西元前七年），當時的丞相是翟方進。史書記載，懂星曆的李尋用熒惑守心來指責翟方進的罪狀，寫了很多誇張的天象描述，就是要叫翟方進出來負責。

皇帝趕緊召見翟方進，談完之後就發布了一份詔書，來檢討熒惑守心的發生。漢成帝這份詔書先是說，他從即位以來，發生了很多災難，人民餓死、病死，盜賊肆虐。接著皇帝就將矛頭指向翟方進：「我看你根本沒有要輔佐我讓人民富足啊！」皇帝的語氣非常強烈嚴厲，雖然看起來說的是皇帝、丞相兩人共同承擔責任，但最後拋下一句話：「我已經改正過錯了，至於你就自己去想想看吧！」

結果詔書一發出去，翟方進就自殺了！就在一個月後，漢成帝也死了。翟方進真的是畏罪自殺嗎？還是受到什麼政治詭計的作用呢？

天象與歷史上的政治陰謀

我們來看看西漢末年朝廷的政治是怎麼一回事。漢武帝的時候，出現了一批與皇帝親近，隨時幫忙處理國事的人。這些人的實權漸漸超過了丞相，於是稱為「內朝」。而西漢後期是個外戚政治盛行的時代，許多外戚就利用內朝來掌權，丞相也拿他們沒辦法。

漢成帝的時候，外戚王氏氣焰高漲，王鳳用「大司馬大將軍領尚書事」這個頭銜來掌權。在他死後，王家人還是持續握有大權，王音、王商、王根接連輔政。到了綏和元年，也就是「熒惑守心」與翟方進自殺事件的前一年，王家的下一代接任大司馬了，你一定聽過這個人，他就是後來篡位的王莽！

張嘉鳳與黃一農的研究指出，根據行星運行軌跡的計算，這次熒惑守心根本是造假的事件！

在淳于長垮臺之後，翟方進大概就是王莽的頭號政敵。又有許多證據顯示，王莽早與翟方進結仇。至於上奏的李尋，可能也投向王莽這一派了。整個事件，可能是王莽為了攬權，故意打擊翟方進而策劃的！大家都知道王莽後來篡漢建立新朝，卻沒看到王莽獲得大權的過程中有這麼多次政治鬥爭的過程，而天象紀錄的研究竟然揭開了這些事實。

原來，古代天文與政治息息相關，這原本應該是發自對老天爺的敬畏，並用「天」來制衡皇帝，可惜有心人士把天象當成工具，發動一場政治陰謀。

行星逆行：一場不公平的賽跑

古代的人觀察天象，有相當明顯的人文色彩；現在的人觀察天象，則多從科學的角度出發。是什麼樣的科學原理，幫助我們揭開王莽的政治陰謀呢？

今天我們終於知道，行星的「逆行」與「留」，並不是一個脫離常軌的現象，而是火星與地球共同繞著太陽轉，地球人必定會看到的視覺現象。設想有兩個小朋友在比賽跑步，一個叫做小弟，一個叫做小伙。小伙明明就跑得比較慢，卻不自量力的說要跑外圈。今天在這個圓形操場的十二點鐘方向之外站了一排觀眾，觀眾從右到左依序是A、B、C、D、E。萬眾矚目下，跑得快的小弟、跑得慢的小伙開始賽跑嘍！

這場賽跑實在太不公平了，小弟明明跑得快，卻是跑內圈。於是，小弟雖然從比較後面出發，但很快就要「倒追」過小伙了。在跑步過程中，小弟看到小伙的位置如何變化呢？就來看看他擋到的觀眾吧！從圖中可以看到，小弟還沒「倒追」過小伙的時候，小伙擋到的觀眾依序是A、B、C、D，這個就是「順行」。但是「倒追」過去的那段期間，小伙看起來「倒退嚕」，沿著D、C、B倒退回去了，這就是視覺上的「逆行」現象了。這樣說來，大家平常用「倒追」這個詞，還真是貼切呀！因為被追過去的人，看起來真的倒退回去了。小弟追過小伙之後，漸漸小伙又開始「順行」了，再繼續依照英文字母順序C、D、E走下去。整理下來，我們發現小弟看見小伙的位置變化是這樣的：A→B→C→「D→C→B」→C→D→E，括號內的

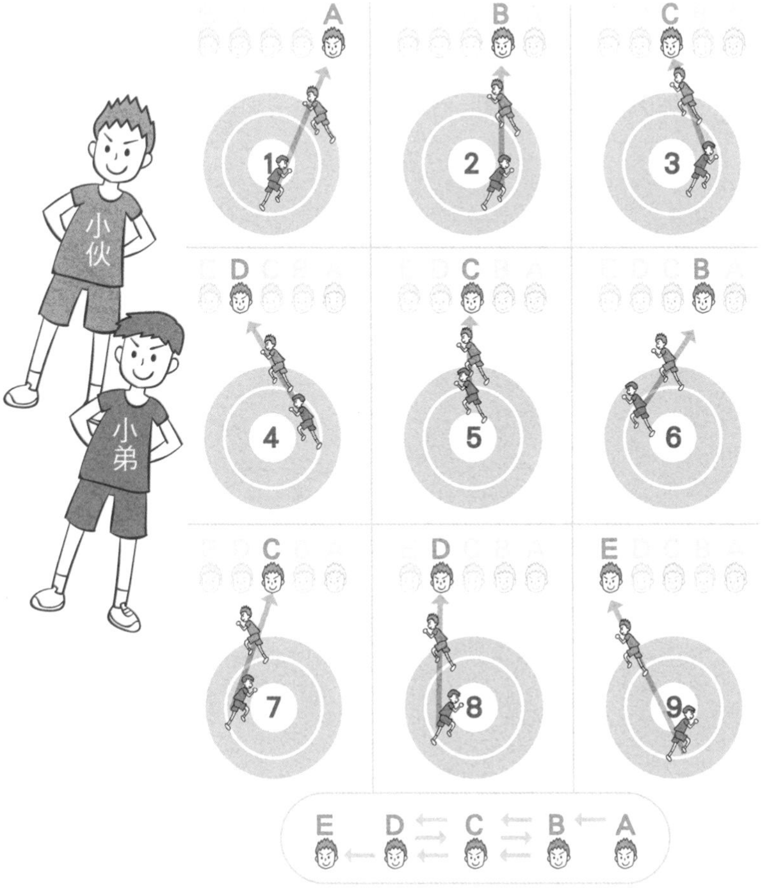

行星逆行的賽跑圖解，第 4 到 6 時刻為逆行。賽跑「倒追」對手的時候，對手看起來就好像「倒退嚕」。

就是逆行階段。

不講這個沒意思的賽跑故事了，我們回歸現實。我們講的小弟其實就是地球，小伙其實就是火星。地球內圈而跑得快，火星在外圈而跑得慢。行星總是有這種規律，在外圈的跑得比較慢，所以是一場不公平的賽跑。這種賽跑當中，地球不斷「倒追」過火星，於是經常看到火星逆行的現象。當火星順行轉逆行或逆行轉瞬行的時候，看起來暫停了一會兒，這就是「留」或稱為「守」。「留」的那個點，若正好位在心宿二周圍，那就是「熒惑守心」了。現在我們知道，這是行星運轉的常規，是視覺上一定會出現的現象，而不是異常天象。

兩顆紅星毗鄰：二〇一六年再度發生「熒惑守心」

二〇一六年的天空中，再次發生了「熒惑守心」的天象。今年春、夏季，火星來到了天蠍座，於是火星、心宿二這兩顆紅星離得相當近。其實二〇一六年土星也在這兩顆星附近，使得天蠍座附近看起來更加耀眼。精確來說，這次的熒惑守心發生在二〇一六年四月十七日，這是火星順行轉逆行的「留」。四月十七日以後，火星轉為逆行，切過天蠍座的頭部，並且在五月二十二日達到「衝」。這是十一年來最大的火星衝，近期非常適合觀察火星。火星逆行到六月二十九日，之後才轉為順行。回到順行之後，火星再度來到心宿二附近，而到了八月下旬，才是今年火星最接近心宿二的時候。

二〇一六年八月中下旬，兩顆紅星靠得非常近，晚上七、八點出門散步，往西南方天空看，很容易就能發現這個「異象」。嚴格來說，二〇一六年四月火星才是「停留」在心宿二，稱為「熒惑守心」；二〇一六年八月火星是順行「通過」心宿二，應稱為「熒惑在心」。不過，就肉眼觀察的精采程度而論，八月這次兩顆紅星較為接近，當然比較精采嘍！

熒惑守心是平均數十年才會發生一次的天象。火星與地球的會合週期約七七九天，也就是地球兩年多就倒追過火星一圈，就會發生一次逆行，並在追過去的那瞬間達到「衝」。逆行經常發生，然而每次逆行時火星的位置都不太一樣，偶爾才會正好在心宿二附近逆行。所以，熒惑守心不是那麼容易發生的天象，上一次是二〇〇一年，下一次要到二〇四八年了，也難怪古人會把它當成異常天象來看待了。

結語

聽完宋景公、翟方進的故事，又聽完賽跑的故事之後，再看見天上的熒惑守心，你想到的是什麼呢？

我們現在很清楚，熒惑守心是行星正常運行之下的視覺現象。我們經常開玩笑，說二〇一六年的熒惑守心恰逢臺灣政局的改朝換代。但這只是莞爾一笑了，拜今天科學之賜，熒惑守心不太可能被有心人士拿來當成政治鬥爭的工具了。西漢末年的朝廷官員和我們用完全不同的角度來看待熒惑守心的天象，從前的天文有濃厚的政治與人文色彩，今天的天文則從科學的態度出發。

親身到荒野仰望星空，總是給人遐思，這時你卻又能體會到，人們看到兩顆紅色的星，總會很直覺的對這些天體產生一點恐懼——或更明確的說，是敬畏之情。宇宙無比浩瀚，今天人們可以運用發達的天文科學，聰明破解古人留下的謎團，但我們有時卻遺忘了古人那樣對宇宙的敬畏之情。敬畏的心情，仍然該是我們面對浩瀚宇宙至人間的基本態度。

中國古代的天文，充滿著天人之間的關懷，人們並隨時在檢討自己與天地的關係；今天的天文科學，則精確揭開自然運行的法則，給我們更清澈的眼光來面對人與自然。熒惑守心的故事，在古今天文學的對話之下，留下對人事、對宇宙的深刻洞察。

參考資料:

1.黃一農,〈星占、事應與偽造天象——以「熒惑守心」為例〉,《自然科學史研究》第10卷第2期(北京:1991),頁120-132。

2.張嘉鳳、黃一農,〈中國古代天文對政治的影響——以漢相翟方進自殺為例〉,《清華學報》新20卷第2期(新竹:1990),頁361-378。

3.劉次沅、吳立旻,〈古代「熒惑守心」記錄再探〉,《自然科學史研究》第27卷第4期(北京:2008),頁507-520。

4.傅樂成,《中國通史》(臺北:大中國,2008)。

5.盧央,《中國古代星占學》(北京:中國科學技術,2008)。

6.陳美東,《中國古代天文學思想》(北京:中國科學技術,2008)。

假掰科青的實驗室

眼見不一定為真

文／陳亭瑋

講求科學實證，最簡單的一句話版本「眼見為憑」。但弔詭的是，無論是巨觀或微觀世界，親眼所見往往只能告訴你一部分的真相。

這次故事的主角，是兩顆帶紅色的星星，火星跟心宿二。火星古稱「熒惑」，心宿二也就是天蠍座的紅色心臟。這兩顆天體靠在一起，或者說火星看上去停留在心宿二附近，就是古人認為最凶惡的天象「熒惑守心」。熒惑守心的原理跟近年來時常出現的「水星逆行」相同，都是行星在運行時與地球相對位置改變，視角變化造成的錯覺。

即使已經是高掛天際、可親眼觀測的天象，其解釋也不見得就直觀。甚至是在有政治力的情況之下，這些明顯的天文景觀也可能遭到捏造。因此如果要更接近真相，就必須永遠抱持著懷疑的態度，一次次觀察、叩問、求證、質疑，而科學也是在這樣的精神下才得以進步發展。

長頸鹿啊長頸鹿，你的脖子怎麼那麼長？

2018/12/25 原刊載於泛科學網站 https://pansci.asia/archives/151440

文／曾柏諺

數百年來，長頸鹿始終是個話題動物，沒有人知道牠們為什麼長成這副德行——頭上長了鹿由器長頸鹿角（正式名稱還真的叫長頸鹿角）、身上有著斑紋、以及符合高瞻計畫的長脖子。俗話說得好：「好『頸』，不長。」長頸鹿顯然壞壞的，種種極具特色的外型引爆科學家爭論長達數十年。

以前課本說長脖子擁有覓食優勢？

對許多人來說，長頸鹿第一次正經八百的出現在課本裡，應該是國中生物課教到拉馬克「用進廢退說」與達爾文「天擇說」的理論時，用來呈現二者思想不同的例子。

我們簡單回顧一下課本的討論，拉馬克認為生物會受到環境影響改變特徵，並把改變後的特徵遺傳給下一代，因此長頸鹿想必是為了吃更高處的樹葉因而不斷伸長脖子，一代代累積下來才有了今天的長頸鹿；而達爾文認為，是遺傳上的突變造成了各種脖子長短不一的長頸鹿，由脖子較長的長頸鹿獲得了覓食優勢，因而能繁衍後代保留自己的特徵。

今天我們姑且不細論拉、達兩位大師核心思想的差異，但可以從中看出端倪的是，當時的風氣認為長頸鹿的長脖子是基於「覓食優勢」而留存下來的演化結果。這也就成了許多人接受的設定。

可惡！長頸鹿果然是吃貨嗎？

時間快轉到一九六三年，布朗尼（**A. Brownlee**）提出了完全不一樣的看法。他發表在《自然》（**Nature**）期刊上一篇簡短的文章中提到：「長頸鹿的修長身型（**dolichomorphic structuro**）不論在年輕、年老、雄性或雌性身上，都應有相似用途，而非僅僅在旱季發揮作用。同時，如此身材造就的體型與身高，也讓長頸鹿得以躲避與抵禦獵食者，以及獲得其他生物難以企及的食物來源。」布朗尼認為，如果長頸的覓食優勢僅僅發揮在雄性身上是不足的，因為體型較小的雌性、年幼的長頸鹿，即使有長脖子但不夠高，依然沒有減少與其他草食動物競爭的壓力。所有長頸鹿勢必有一個不論老幼雄雌都需要面對的天擇壓力，才足以使長頸鹿演化成如今的體態。

而在一九九六年羅伯・西門斯（**Robert E. Simmons**）與盧・西伯斯（**Lue Scheepers**）也同樣對覓食假說開炮，在他們的論文中提及：據觀察，長頸鹿即便在覓食壓力最大的旱季，也仍從低矮的灌木取食；雌長頸鹿更是有超過一半的進食時間，脖子都保持水平（horizontal）。此外，不論雄或雌長頸鹿，把脖子彎曲（bent）都是牠們進食速度最快、也最常採用的用餐姿勢。

種種跡象似乎都指出，長頸鹿壓根就沒有打算用長脖子好好吃飯呀！因此西門斯與西伯斯另闢蹊徑，提出了另一個當今也時常聽聞的假說：性擇假說。

長頸鹿大多在脖子保持幾近水平的情況下進食。

才不「吃」這一套！人家的三百公分是拿來打架追妹的！

長頸鹿在打架的時候有一項其他動物都望塵莫及的技能——脖鬥。雖然我們經常聽到長頸鹿與我們一樣頸骨都是七根的冷知識，但更有趣的是長頸鹿頸骨間的關節比我們的更加靈活。大多數哺乳類的頸椎都是靠寰枕關節（atlanto-occipital joint）與寰樞關節（atlanto-axial joint）來活動，可以做到如點頭、搖頭、轉頭等動作，但也僅止於此；不過長頸鹿的強「項」在於，牠們的頸椎具有球窩關節（ball and socket joint），這是一種僅出現在人類肩關節、髖關節靈活程度最大的關節。

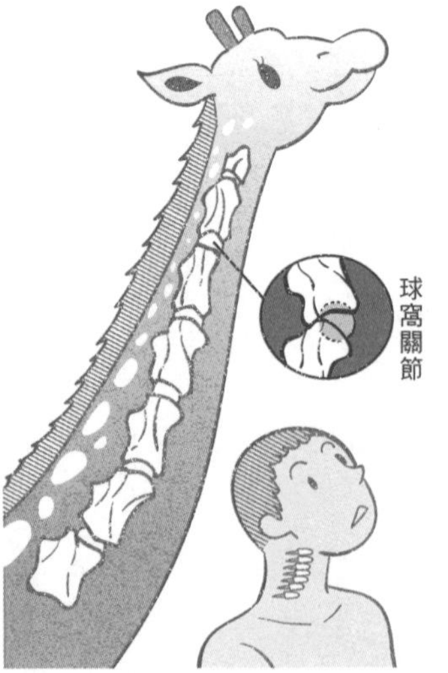

長頸鹿頸椎獨特的球窩關節大幅提升脖子的靈活度。

長頸鹿堪稱為被耽誤的重金屬樂手，其脖子靈活程度甚至足以用來打鬥；也由於西門斯和西伯斯兩位科學家都認為雄長頸鹿不論是在頸椎長度、生長期與骨頭厚度，都比雌長頸鹿來得更長、更厚，因此提出「長頸鹿之所以長脖子是為了求偶。」正是因為這樣的特徵賦予了雄長頸鹿求偶優勢、雌長頸鹿也偏愛如此長脖子的雄長頸鹿，才一路驅使長頸鹿走上長頸之途。

然而，對於哪些特徵符合性擇，當然不是科學家隨便說說就算。往昔對性擇特徵的條件，包含：「缺乏直接生存效益」、「明顯存在性別差異」、「增加生存成本」、「相較於其他身體部位獨立增長且更加迅速」等四大條件。

二〇〇九年米契爾（G. Mitchell）團隊指出這個說法在統計上的錯誤——未將體重差異納入校正，因而提出駁斥。米契爾在測量過十七隻雄性與二十一隻雌性，共計三十八隻長頸鹿後，發現其實在相同體重量級下，長頸鹿的脖子並不具備性別差異。可別小看米契爾他老人家，打了西門斯和西伯斯一巴掌不夠，四年後的二〇一三年又發一篇規模更大、數據更詳細的研究，反手再一巴掌。

眼看眾科學家「脖鬥」至此，但還記得一九六三年布朗尼在《自然》期刊上的發表嗎？同一篇文章中，布朗尼其實還提出另一個假說——散熱假說。

被「涼」在一邊了嗎？

布朗尼如此說道：「斯萊德（Schreider）也曾討論過（身形的）價值何在，以某些生活在炎熱氣候的人種為例，修長的身形有助於散熱。那麼，同樣生活在炎熱氣候的長頸鹿，其修長身形的功能也應如是。」

自此科學家們對長頸鹿的探討已經跳脫單一的「長頸」，而是更加全面的對人家品頭論足起來。這世界對高個子畢竟很有興趣的。

而要說到散熱最簡單的方法，就是提高體表面積／身體質量的比例，那麼長頸鹿獨特的身體構形是不是提供了超乎尋常的大表面積呢？布朗尼並沒有給出相應的數據來支持他的假說，直到二〇一七年米契爾（對！就是同一位）以六十隻長頸鹿召喚出新論文《長頸鹿的體表面積與溫度調節》（**Body surface area and thermoregulation in giraffes**）。

過去科學家對哺乳動物的測量，多以假定為圓柱體來做估算，這樣的方法確實在一般短脖子的哺乳類如牛羚、山羊與犀牛等動物身上相當實用，不僅度量方便，準確度也不差。不過到了長頸鹿身上可就是另一回事了，人家的身形可是離圓柱體有點遠啊，因此米契爾決定老老實實的將長頸鹿一分為七，分別測量頭部、頸部、軀幹、前大腿、前小腿、後大腿與後小腿的表面積，如意算盤打的是得出長頸鹿超乎常獸的表面積，藉此得證長頸鹿確實是藉由獨特的身形來達到散熱降溫功能。但結果卻大出所料：加總後的長頸鹿體表面積，跟同質量的哺乳類根本沒差別！

表面積一樣大，乾坤大挪皮散熱更有效

米契爾眉頭一皺，輕描淡寫的說了一句：「這與預期相反，需要解釋。」回頭檢視數據時，他發現長頸鹿的身軀（從脖子基部到尾巴基部）與大腿（**trunk and upper legs**）比起其他同質量圓柱形哺乳類，在比例上要來得短；而脖子與小腿（**neck and lower legs**）則長得多。換言之，長頸鹿從軀幹與大腿省下來的表面

積，全拿去給脖子與小腿了。

米契爾解釋道，由於其脖子與小腿的半徑較小，不僅賦予該部位較高的導熱係數（**heat transfer coefficients**）；同時在路易斯方程式（Lewis Relationship）的計算裡，蒸發熱係數（**evaporative heat transfer coefficient**）同樣也提升了；且瘦長的腿在走路擺動時，表面的相對風速會比軀幹本體來得快，能達到像我們被燙到手會快速揮動的降溫效果，也更進一步加強了熱對流的效率。翻成白話文，便是在說——細瘦的結構更能散熱呀！

還不只呢，即便是長頸鹿保持靜止，挑高的身形也讓牠遠離了地表的熱空氣層與低風速區；而這修長的身形，也降低了太陽輻射熱直射在身上的面積。這麼一來，你幾乎可以說，長頸鹿就是為散熱而生的。

可是，長頸鹿為什麼這麼怕熱呢？米契爾說了一個這樣的故事：大約在五百到三百萬年前，因喜馬拉雅山與副特提斯洋（**paratethys sea**）的地質活動，近代長頸鹿共祖「**Bohlinia**」的生活環境——中非，就從原先的熱帶森林環境，被拉入了與今相近的莽原氣候。在氣候的巨變下，失去植被遮蔭的長頸鹿共祖，面臨直接照射的火辣太陽，促使長頸鹿的共祖產生輻射演化——誰能適應酷熱的環境，誰就能活下去。

就在這般環境壓力下，身材高挑又修長的長頸鹿誕生了。

雖然時至今日「散熱假說」是否為長頸鹿演化的終極解答還不得而知，畢竟依然有許多科學家透過一篇篇研究為「覓食假說」背書。但一如達爾文在巨著《物種起源》中所說：「罕有物種能仰賴單一長處存留至今，但將所有優勢無分長短的集合起來，便足以致之。」（**The preservation of each species can rarely be determined by any one advantage, but by the union of all, great and small.**）

一個集「散熱、遠眺、覓食」長才於一身的奇獸，至今仍讓科學家們持續「脖鬥」著呢！

參考資料：

1. Brownlee, A. (1963). Evolution of the giraffe. *Nature*, 200(4910), 1022.
2. Mitchell, G., Van Sittert, S. J., & Skinner, J. D. (2009). Sexual selection is not the origin of long necks in giraffes. *Journal of Zoology*, 278(4), 281-286.
3. Mitchell, G., Roberts, D., Van Sittert, S., & Skinner, J. D. (2013). Growth patterns and masses of the heads and necks of male and female giraffes. *Journal of Zoology*, 290(1), 49-57.
4. Mitchell, G., van Sittert, S., Roberts, D., & Mitchell, D. (2017). Body surface area and thermoregulation in giraffes. *Journal of Arid Environments*, 145, 35-42.
5. Simmons, R. E., & Scheepers, L. (1996). Winning by a neck: sexual selection in the evolution of giraffe. *The American Naturalist*, 148(5), 771-786.

假掰科青的實驗室

斑馬為什麼長條紋？用斑馬衣做實驗就知道了！

文／沙珮琦

自然界有許多有趣的現象讓科學家十分著迷，比如長頸鹿的脖子為什麼可以那麼長？還有斑馬到底為什麼會有條紋？在過去，科學家們傾向認為：斑馬之所以有這麼特別的條紋，是為了混淆掠食者，或者是為了好好散熱，不過，案情有這麼單純嗎？

為了解答這個難題，科學家們嘗試讓一般的馬兒穿上「條紋斑馬衣」進行實驗，結果有了十分有趣的發現：牛虻較少停在穿著條紋衣的馬身上。

在實驗中，穿著單色衣和條紋衣的馬兒都難逃牛虻的盤旋騷擾，但是，牛虻若是要接近穿著條紋衣的馬時，牠們會飛得更快、不會減速，真正降落的比例也比較低。科學家因此推測，斑馬的條紋有助於避免牛虻等蟲子的近距離實際接觸，不過如果隔了一段距離以上，條紋是沒辦法阻止蟲子嗡嗡嗡的。

無論是長頸鹿的脖子或是斑馬的條紋，都曾經有過許多看似毫無疑問卻不甚正確的假設，如果想要尋找真正的答案，還是要用科學實證的精神去求證呀！

參考資料：Caro T, Argueta Y, Briolat ES, Bruggink J, Kasprowsky M, et al. (2019) Benefits of zebra stripes: Behaviour of tabanid flies around zebras and horses. *PLOS ONE* 14(2): e0210831. Retrieved April 16, 2019, from https://doi.org/10.1371/journal.pone.0210831

森林大火發生時，動物們在做什麼？

2019/01/11 原刊載於泛科學網站 https://pansci.asia/archives/152427

文／淨妍

二〇一八年的夏天十分火熱，乾燥的天氣讓世界各地頻頻發生嚴重的森林大火，美國北加州、瑞典、希臘都有災情傳出。除了為人類帶來生命、財產的損失，對森林裡的動物們來說，大火也是一道攸關性命的關卡。到底森林大火發生時，森林內部會呈現什麼樣的情景？火災發生後，森林的生態又會有什麼樣的改變？

逃生、打劫、點火　森林大火時的動物亂象

「野生動物和大火有很長期的關係。」俄亥俄州立大學的生態系統學家馬札

卡・蘇利文（Mazeika Sullivan）曾在一篇訪問中說到。

大火是森林生態的一部分。夏天時，溫帶地區森林只要擁有燃料、氧氣和熱源三個關鍵要素，再加上足夠乾燥的空氣，就很有可能發生森林大火。燃料是指森林的樹木及落葉等易燃物；熱源可分為自然與人為兩種：閃電、熱風、陽光都屬自然熱源；而未熄滅的篝火、菸蒂則是人為導致的起火點。

面對森林大火，動物會本能的逃離，牠們大部分都了解自己該做些什麼，畫面大概就像動畫電影《小鹿斑比》描繪的那樣：能飛的飛，能跑的跑。兩棲類或是其他小型動物則有可能往樹洞、石頭縫裡鑽；而部分像是麋鹿等大型動物，則會往小溪、湖泊等有水的地方避難。二〇一四年，澳洲的一名消防隊員在森林裡滅火時，目擊到一大群無脊椎動物逃離火災，密密麻麻的在地面往同一方向前進，場面十分壯觀。

大部分的動物會安分守己的逃離火災，但部分動物如棕熊、浣熊和猛禽則會「趁火打劫」，捕食那些正在逃難的動物，澳洲甚至還存在會助長火勢的鳥類。

根據科學網站「BioOne」的一篇研究，他們觀察到黑鳶（*Milvus migrans*）、嘯栗鳶（*Haliastur sphenurus*）及棕鶻（*Falco berigora*）會用鳥喙叼住或爪子抓住燃燒的樹枝，丟進可能有動物藏身的樹叢中，將躲藏其中的動物趕出來，並招呼同類一起享用這些大餐。

除了慘遭捕食的動物們，另一部分逃離不成的動物也會葬身火窟。有些動物是因為生病或是太過幼小，跑不過大火蔓延的速度；有些則是不會使用正確的逃離方式，像是天生會爬樹的無尾熊在逃生時，爬樹的本能只會讓牠們困住自己。

森林大火會降低生物多樣性嗎？

而除了動物以外，各類植物、菌類則是連逃都無法逃離，只能任由大火帶走它們的生命，這樣會對森林生態環境帶來什麼樣的影響？答案是「不一定」。根據森林大火燃燒的火勢與當地環境的不同，會對森林的「β多樣性」產生不同的影響，甚至會出現截然相反的情況。

β多樣性又稱為「棲所間多樣性」（between-habitat diversity），指的是沿著環境梯度的不同棲地之間物種組成的相異性或物種的更替速率。當β多樣性越高時，能生存其中的物種較多，因此生物多樣性也比較高。

較嚴重的森林大火，可能會造成樹冠層的植物全部死亡，或是廣大範圍的土壤溫度升高，這些情況都會導致β多樣性降低。因為火災過後，森林只剩耐干擾[1]或是拓殖[2]速度快的物種，讓物種組成變得單一；但若是一片森林的燃燒程度有高有低，則會形成物種耐干擾程度不一的地景鑲嵌體[3]，反而會提高β多樣性。

除了對生態多樣性的直接影響，森林大火還會帶來其他好處：燃燒死亡、腐爛的動植物，讓營養物質回到土壤中；大火還能成為農藥，清除森林生態系統中被疾病纏身的植物和有害昆蟲；而茂密的樹叢被燃燒殆盡後，能使陽光得以照射到土地表面，讓新一代的幼苗得以生長。

森林大火創造的鮭魚水中樂園

森林大火對水域生態環境的影響也逐漸受到重視。二〇一七年七月，《科學》（Science）期刊發表了一篇研究，內容有關美國的森林大火對溪中的帝王鮭（*Chinook salmon*）和強壯紅點鮭（*Bull trout*）的影響。他們發現，樹木因為大火而倒塌在溪流中，增加了河床深度並製造可躲藏的空間，大大減少鮭魚們被水流沖走或是被吃掉的機率。

然而，這些倒塌樹木形成的坑洞，因為水流與沉積物等條件不夠穩定，並不適合鮭魚產卵，所以森林大火過後的一段時間，魚卵和魚苗的數量都會減少。但這樣的減少只是短時間的現象，以長期的影響來看，鮭魚的棲地多樣性會因為森林大火而增加。

綜合目前有關森林大火的研究，雖然已知它會影響世界各地的溫帶陸域與水域生態系統，但實際可考察的數據其實不多，再加上全球暖化的關係，森林大火越加難以控制，生態系統的變動也存在許多未知數，因此，未來森林大火對環境造成的影響還需持續觀察。

補充說明：

[1] 干擾（disturbance）：干擾分為天然與人為兩種。天然干擾包含火災、侵蝕、地滑、火山活動、病蟲害等；而伐木則屬人為干擾。

[2] 拓殖（colonization）：植物的繁殖體在一個新的地區萌發、成長並繁殖後代的過程。

[3] 地景鑲嵌體（landscape mosaic）：由區塊（patch）、廊道（corridor）、本體（matrix）等三種地景空間元素所組成，森林景觀的探討通常都集中在三者互動關係及其所形成的機制。

參考資料：

1. Sarah, Z., Elaina, Z. (2018, July 30). What Do Wild Animals Do in Wildfires? National Geographic. Retrieved January 11, 2019, from https://news.nationalgeographic.com/2015/09/150914-animals-wildlife-wildfires-nation-california-science/

2. Michael, G. (2018, January 8). Why These Birds Carry Flames In Their Beaks? National

Geographic. Retrieved January 11, 2019, from https://news.nationalgeographic.com/2018/01/wildfires-birds-animals-australia/

3. Climate 101: Wildfires. (n.d.). National Geographic. Retrieved January 11, 2019, from https://www.nationalgeographic.com/environment/natural-disasters/wildfires/

4. Penny, B. (2014, July 25). Escape, Die Or Thrive – Wildlife and Wildfires. Change Wild World. Retrieved January 11, 2019, from https://achangingwildworld.wordpress.com/2014/07/25/escape-die-or-thrive-wildlife-and-wildfires/

5. Bonta, M., Gosford, R., Eussen, D., Ferguson, N., Loveless, E., & Witwer, M. (2017). Intentional fire-spreading by "Firehawk" raptors in Northern Australia. *Journal of Ethnobiology, 37*(4), 700-718.

6. Kirkland, J., Flitcroft, R., Reeves, G., & Hessburg, P. (2017). Adaptation to wildfire: A fish story. *Science Findings 198. Portland, OR: US Department of Agriculture, Forest Service, Pacific Northwest Research Station. 5 p., 198*, 1-5.

7. Burkle, L. A., Myers, J. A., & Belote, R. T. (2015). Wildfire disturbance and productivity as drivers of plant species diversity across spatial scales. *Ecosphere, 6*(10), 1-14.

8. 薛怡珍、李國忠（無日期）。森林地景生態結構與功能。2019，取自東海大學網頁：http://www2.thu.edu.tw/~sde/program/94_2/la/le/3_4.pdf

假掰科青的實驗室

森林大火，是好火還是壞火？

文／陳亭瑋

曾有一度，森林大火被認為是不正常的、破懷生態環境的現象；甚至對有些人來說，提及森林大火想到的便是人類引發的火災，也需要人類的力量才能夠處理撲滅。實際上，直到科學家對森林生態系進一步研究，才發現對很多類型的森林來說，大火就是生態演替中很重要的角色。

但是，當森林大火燃起，對於一地的生態系究竟帶來哪些影響？這其實是個非常難以回答的問題。

「生態系」專指一地的動植物以及其所處的環境，這樣的範圍囊括的因子條件太過複雜，更別提每個地方的生態系亦有其特色與條件。而且從事生態相關的研究，往往需要長達數年甚至是數十年的資料累積，才能搞清楚一地的生態系到底發生了什麼事情。

但這或許也是生態研究有趣的地方：雖然俗語常說「見樹不見林」，但只要我們累積夠多「樹」的資料，雖然乍看分散沒有關連，但綜合起來有一天，就能告訴我們「林」到底是怎麼運作的。

Chapter 2

科學問題和你想的不一樣

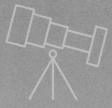

引言

試著什麼事都問問為什麼吧！

文／雷雅淇

人類是好奇心無窮無盡的物種，我們所問的問題早已超過這個物種的生存所需。更有趣的是，好奇心和食欲等欲望一樣，與大腦的獎勵行為連繫在一起，推進著我們去探索這個世界。

但你，上一次認真的問「為什麼」是什麼時候呢？為了各式各樣的原因，這個社會和有些大人，在我們還沒問問題就先給了我們答案。好奇心不會殺死貓，但好奇心卻常被扼殺，增加了我們探索世界的摩擦力，抑止了這個可能讓人類從蠻荒到已知用火、從農耕走入科學時代的原動力。在這一章節，就讓我們拋開束縛，讓好奇心赤裸裸的顯露，解除封印吧！

〈為什麼樹懶要大費周章爬下樹排便？〉中，讓我們一窺樹懶這神奇的動物的神祕行為：總是慢吞吞的樹懶，明明一直待在樹上吃喝拉撒睡就好，為何三趾樹懶還要特地爬下樹上廁所呢？又為何不是所有的樹懶都是這個樣子？

然後是另外一群神祕的生物「寶可夢」，當你在玩遊戲時，看到圖鑑裡的敘述，會想到的事情是什麼呢？比方說，風速狗在圖鑑上的敘述是「據說牠一個晝夜就可以跑完一萬公里的超快速神奇寶貝，並由體內的火焰轉化成力量」。關於這樣的描述，該問什麼樣的問題？或甚至怎麼吐槽呢？讓我們先跟著〈寶可夢風速狗，是會讓主人傾家蕩產的神獸？〉，一起來做做練習題吧。

生活周遭也有各種值得讓我們停下來去提問的事件。比如說，我們可能無法體會二月二十九日出生的人每四年才能過一次生日的哀傷，但你可能曾經好奇「閏年是怎麼來的？」透過〈閏年怎麼來？為什麼是二月二十九日？〉這篇文章，你會發現這個看似簡單的問題，其實牽涉到科學、社會以及政治，沒有那麼簡單呢！有些人愛吃辣，但關於「辣」這種主觀感受，「你說的不辣可能很辣，而他說的辣又可能不辣」，該怎麼量化呢？〈為什麼我們愛吃辣？那些關於辣椒的二三事〉透過討論「辣」這件事，來看看科學家的好奇心怎麼開枝散葉無限蔓延！

「我沒有什麼特殊的天賦，只是擁有熱切的好奇心。」愛因斯坦曾這樣說過。透過不斷問問題、熱切渴求答案，這樣的連鎖，遲早會讓我們探尋到自己想要知道的事。你準備好用好奇心的眼光，去問世界一個又一個問題，然後再自己去追尋答案了嗎？

為什麼我們愛吃辣？那些關於辣椒的二三事

2016/01/22 原刊載於泛科學網站 https://pansci.asia/archives/92463

文／雷雅淇

你也是沒有辣椒就吃不下飯、引不起食欲的人嗎？

辣，是一種灼熱的痛覺而非味覺，就算是如此仍有很多人無辣不歡，這種疼痛反而讓人直呼過癮，還期待再來一次的感覺到底是怎麼回事？難道喜歡吃辣椒的人，真的都是自虐狂嗎？在這條「辣的修煉之路」上，追求極致的盡頭又是哪裡呢？就讓我們從史高維爾火辣辣的指標辣度單位開始說起……

辣不辣我說了算！史高維爾辣度單位

哪一家的麻辣鍋最辣？這就要問問制定辣椒素（capsaicin）含量指標的美國化學家韋伯．史高維爾（Wilbur Scoville）。一九一二年，當他在帕克戴維斯製藥公司（Parke-Davis pharmaceutical company）工作的時候，設計了「史高維爾感官試驗」（Scoville Organoleptic Test），而用這個方法測量出辣度的單位就是「史高維爾辣度單位」（Scoville Heat Unit, SHU）。

那這個感官試驗要怎麼進行呢？它的測量方法就是將一單位的被測物溶解到糖水中後，再交給品評員品評，然後逐步增加糖水的量直到辣味再也沒有辦法嚐出為止，而這時的糖水量總和，就是被測物的史高維爾辣度單位（SHU）。例如辣度270,000~300,000SHU 的朝天椒，就代表一單位的朝天椒需要用270,000~300,000 倍的糖水來稀釋後才沒有辣味；而 0SHU 的甜椒則表示它生吃都沒有辣味。

純辣椒素的 SHU 則是 16,000,000，跟號稱地表最強辣椒醬「布萊的一千六百萬儲備」（**Blair's 16 Million Reserve**）一樣，它的辣度比世界最辣的辣椒「卡羅萊納死神辣椒」（**Carolina Reaper**）的 **1,569,300 SHU** 還要辣十倍以上，甚至高過催淚瓦斯 **5,300,000 SHU** 三倍多。這東西真的可以吃嗎？

雖然之後也有人利用「高效液相色譜法」（**High Performance Liquid Chromatography, HPLC**）等使用儀器的方法來測量辣椒素含量，但因為一直以來已習慣使用史高維爾指標，所以史高維爾指標目前仍被廣泛運用，現在仍有人會將 **HPLC** 的結果換算成 SHU 來使用。

那其他的辣椒有多辣呢？可參考下頁圖示「史高維爾指標列表」。

越辣越過癮、越痛越開心！為什麼人會愛吃辣，還越吃越辣呢？

剛開始吃辣時，你很難從朝天椒開始，但在能接受「Tabasco」辣椒醬之後，

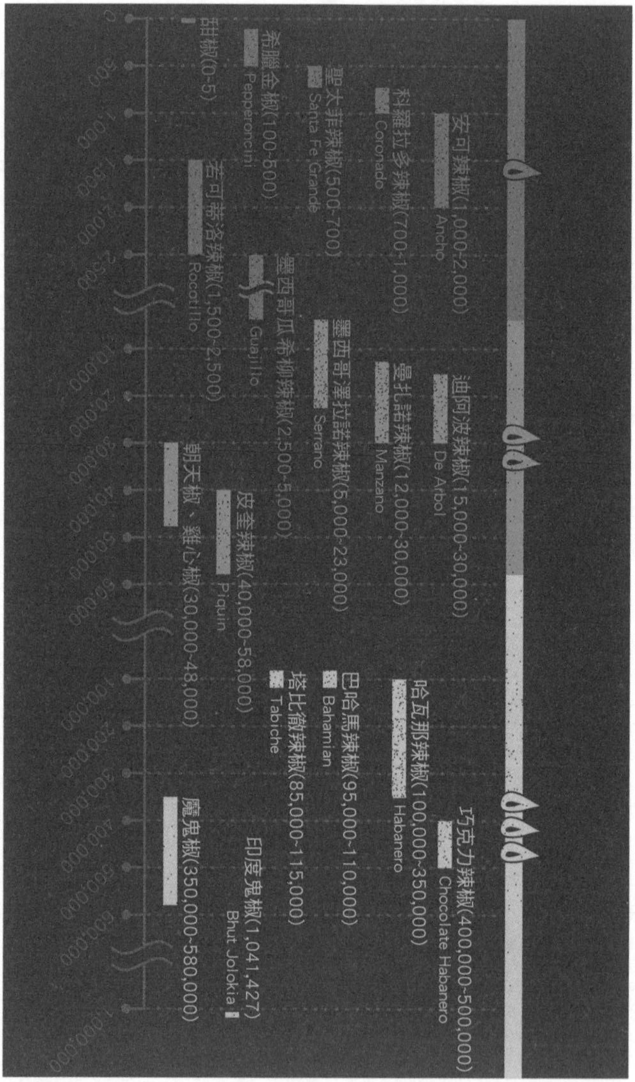
安可辣椒(1,000-2,000)
Ancho
科羅拉多辣椒(700-1,000)
Coronado
聖大菲辣椒(500-700)
Santa Fe Grande
希臘金椒(100-500)
Pepperoncini
甜椒(0-5)
若可蒂洛辣椒(1,500-2,500)
Rocotillo
墨西哥瓜希柳辣椒(2,500-5,000)
Guajillo
墨西哥澤拉諾辣椒(5,000-23,000)
Serrano
曼扎諾辣椒(12,000-30,000)
Manzano
迪阿波辣椒(15,000-30,000)
De Arbol
皮奎辣椒(40,000-58,000)
Piquin
朝天椒、雞心椒(30,000-48,000)
哈瓦那辣椒(100,000-350,000)
Habanero
巴哈馬辣椒(95,000-110,000)
Bahamian
塔比徹辣椒(85,000-115,000)
Tabiche
巧克力辣椒(400,000-500,000)
Chocolate Habanero
印度鬼椒(1,041,427)
Bhut Jolokia
魔鬼椒(350,000-580,000)

史高維爾指標列表

你會越加越多，麻辣鍋也從小辣開始慢慢往中辣、大辣、大辣邁進，然後有一天突然發現朝天椒似乎就也不算什麼了。

文章開頭提到，辣其實是一種痛覺；而調控痛覺的神經系統機制其實相當複雜。疼痛的習慣化是需要循序漸進，讓身體慢慢習慣刺激。這可能跟我們體內關於感知和調節疼痛的內源性類鴉片系統（**endogenous opioid system**）有關，它會讓我們抵禦疼痛，並對於痛覺產生習慣。

所有的辣椒都是茄目茄科的辣椒屬（**Capsicum**），而其中的活性成分辣椒素和其他一些辣椒素類物質（**Capsaicinoids**）對包括人類在內的哺乳類動物來說都有刺激性，因此可以避免一些草食動物的啃食；但鳥類又對辣椒素不太敏感，所以鳥類可以替辣椒傳遞種子。對辣椒來說，它並不是特別演化來讓人吃的，那為什麼我們又那麼愛吃辣椒呢？

除了跟所處的時空背景、風俗民情（像是如果你生在四川或是墨西哥等地，可能很難不接觸辣的食物）有關以外，也有心理學家提出了其他看法。心理學家保羅・羅津（Paul Rozin），研究喜好和厭惡食物的心理，認為辣椒能在眾多食物中，有著舉足輕重的地位，背後其實有很多的原因。

從營養跟生理層面來看，辣椒富有維生素A和維生素C以外，辣椒素還可以促進唾液分泌和腸道蠕動，進而刺激消化系統的運作。辣椒也扮演了「增味劑」的角色，讓我們的進食更豐富和多樣化。

從心理角度來看，反覆體驗有點刺激又沒有危險的經驗會讓人上癮，而這樣的體驗會從消極轉變為積極，就像有些人喜歡坐雲霄飛車一樣；而因為辣椒會刺激內源性類鴉片的分泌，反覆的接觸也會讓這種化學止痛釋放更多，讓人產生像是「跑步者高潮」的愉悅感。

對辣椒的更多研究，可以把人類帶往減肥的路上？

直到一九九七年，美國加利福尼亞大學舊金山分校（University of California

at San Francisco, UCSF）戴維．朱麗葉斯（David Julius）的團隊才發現——細胞表面上的離子通道，是讓我們口腔火辣辣的關鍵。

研究團隊發現與辣椒素對應的通道是 **TRPV1**，它和人體對高溫的感覺有關，這也解釋了為何吃辣椒會有強烈的灼熱感。過往的研究就認為 **TRP** 通道系列通道與感覺有關，而這次的發現更證實了這些通道其實就像是我們身體的溫度計。二〇〇二年，朱麗葉斯又找到了 **TRPM8** 通道，這個通道會因為比較冰涼的溫度而受到刺激，同時也會被薄荷激活，這也是為什麼薄荷會帶給我們冰涼的感覺。

科學家推測可以透過刺激這些通道來控制身體的熱量消耗，進而達到減肥的效果，但在動物研究中的實際效果

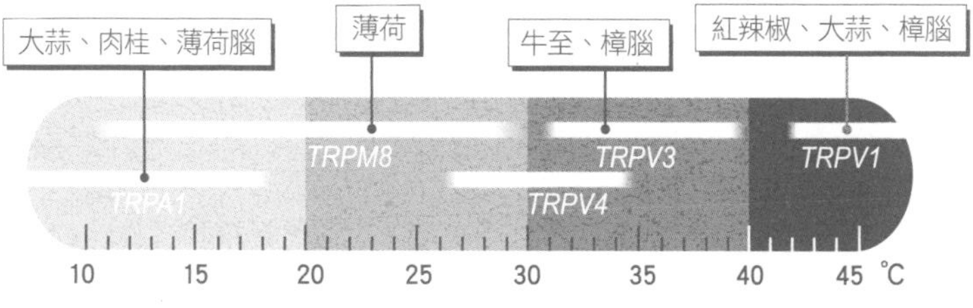

身體內不同的 TRP 蛋白對應於不同的溫度範圍，也能被不同的食物激活。因此，紅辣椒才會火辣辣，薄荷才會涼絲絲。

仍難以預測。不過先不用太灰心，已經有研究證實辣椒素可以減少飢餓感，能讓人在不知不覺中消耗熱量；尤其是對平時不吃辣的人來說，再吃紅辣椒後不但飢餓感降低，對鹹味、甜味和油性食品的欲望也會減少。

研究人員認為這樣的結果可能是受辣椒素兩方面的影響，一個是味覺改變人的食物選擇，二是辣椒素也影響了消化方式和吸收、轉化營養物質的效果。

食用辣椒的歷史可以追溯到六千多年前的中南美洲，不管是在中西方的飲食文化中，它都占有重要的地位；到了現代，它的影響更不只在飲食。從今以後，你還會小看小吃攤桌上的那一罐紅通通的辣椒嗎？

假掰科青的實驗室

在主觀感覺當中尋求客觀量化，是不是搞錯了些什麼？

文／雷雅淇

視覺和聽覺上有像是分貝或是色碼表等的指標，讓我們可以知道你眼前的「黑」有多黑、你說的「大聲」有多大聲；而味覺是個奇妙的感覺，它具有某種程度的主觀性，同時也會受到心理狀態影響。

不知道大家有沒有注意到這個奇妙的現象：隨著我們的生命經驗增長、味覺體驗範圍增加，同時對於食物相關連的記憶連結加深，但童年時期對於口味的好惡也不會完全消失。味覺和嗅覺的發育比其他感官都早，有些研究甚至顯示了在媽媽懷孕哺乳期間，羊水味道會有一定程度影響出生胎兒的飲食偏好。然後隨著孩子逐漸長大，神經突觸增加，味覺便開始與其他感官連結。接著，當孩子更加長大，對於世界有更多的理解、吸收了相關的知識、長了些鑑賞能力，同時也讓食物與各式各樣的記憶連結，像是每次回家爸爸一定會端出的那鍋老滷滷味、學校街角那間令人垂涎的雞排、阿嬤疼孫時偷偷塞過來的彈珠汽水……這些多樣的感官經驗，都一起豐富了我們的味覺。

不只是辣度，其他像是鹹味、甜味都有相對應的量化指標，但說到底，味覺，大多數人都難以全然完整描述的私人感覺，之所以如此獨特，不就是因為它跟我們的生命緊緊相連嗎？

參考資料：John McQuaid（2016）。Tasty: The Art and Science of What We Eat（品嚐的科學：從地球生命的第一口，到飲食科學研究最前線）（林東翰、張瓊懿、甘錫安譯）。新北：行路出版。

閏年怎麼來？為什麼是二月二十九日？

2016/02/29 原刊載於泛科學網站 https://pansci.asia/archives/94403

文／歐柏昇

四年一度的二月二十九日又來臨了，你是否曾想過，到底是誰發明了這個莫名其妙多出來的一天呢？其實，我們現在使用的西曆，是源自於古羅馬的曆法，其中變遷的故事還真是源遠流長。

為什麼是加在二月二十九日，而不是十二月三十二日？

我們先來想想看，「二月二十九日」這個玩意兒，有什麼地方不太尋常？先來問你一個問題：照理來說，應該把多餘的日子加在一年的最後面才對，那不就應該是「十二月三十二日」了，人們怎麼會選擇創造一個「二月二十九日」呢？

你可能會說，這個問題還需要想嗎？因為二月日數最少啊！二月只有二十八天，加上個二十九日聽起來不怎麼奇怪；十二月已經有三十一天了，再加上一個三十二日也太好笑了吧！不過，事情沒有這麼簡單。

在早期的羅馬曆法（羅慕路斯曆）當中，其實一年只有十個月。這件事情在現在各月份的英文名稱當中，還留下了明顯的痕跡。例如說，十月的英文是**October**，但是**octo-**開頭的字是代表「八」的意思，所以**October**顧名思義是「八月」的意思。可以去看，章魚（**octopus**）是八隻腳的生物，而八邊形的英文稱為**octagon**。那問題來了，為什麼「八月」突然變為十月了呢？

事情發生在羅馬國王努瑪・龐皮留斯（**Numa Pompilius**）的時候，當時發現原本每年十個月、三〇四天的曆法，造成每年年初的季節都不同了，人們的生業週期與曆法格格不入。這個道理很簡單，地球繞太陽公轉一圈（當然那時候人們不清楚地球繞太陽這回事）大約三六五天，稱為一個「回歸年」，也就是太陽在黃道的位置移動了三六〇度的時間。太陽「回歸」了之後，代表季節週期也「回歸」了一次，人們生產的週期也就又「回歸」了一次。

一年三〇四天的古曆，實在與回歸年差距太大了，所以努瑪決定加上兩個月，讓曆法的一年變為三五五天，較接近太陽的週期。不過這時候，**Ianuarius**（拉丁文，英文為 **January**，中文翻譯成「一月」）和 **Februarius**（拉丁文，英文為 **February**，中文翻譯成「二月」）是加在一年的最後面，而不是一開始。

這個三五五天的曆法，我們就可以看出一些天文意義了。

第一，如我們剛才說的，比起原先的曆法，已經較為接近一個「回歸年」，符合地球上人們真實感受到的季節遞嬗週期。第二，這個數字不是沒有來頭，它符合月亮盈虧的週期。月亮繞著地球公轉的週期有好幾種算法，其中一種稱為「朔望月」，也就是盈虧的週期，大約二九點五三天。計算一下，十二個朔望月大約三五四點四天，因此把曆法一年訂為三五五天是具有天文意義的。

不過，接下來還有個問題，三五五天還是不到三六五天，要怎麼補足呢？方法就是閏月了。那時候，人們的作法是在一年的最後一個月「**Februarius**」身上動手腳，他們把這個月縮減到二十三或二十四天，接著在後面加上一個二十七天的閏月。掐指一算，這個「二月」原本有二十八天，被減去了四到五天，但後面的閏月加上了二十七天，所以置閏的年就有三七七或三七八天了。後來置閏的方法改了好幾次，「**Februarius**」也從一年的最後一個月變為第二個月，但手腳仍然是動在**Februarius**（**February**）身上，到現在依然如此，所以閏年的時候多出來的才是二月二十九日，而不是十二月三十二日了！

一年有兩個二月二十四日

在努瑪之後，羅馬另一次重大的曆法變革發生在西元前四十六年，主角是眾所周知的尤利烏斯・凱撒（**Julius Caesar**）。凱撒打贏高盧戰爭與內戰之後，集大權於一身，並改革曆法，此新曆稱為「儒略曆」（**Julian calendar**）。為了整頓曆法，他先將西元前四十六年擴充到四四五天，隔年就開始按照他訂出來的規律。

凱撒的曆法，試圖解決一個問題：回歸年並不是正好三六五天，而是三六五天又六小時左右。他的做法是單一的「閏日」，置閏的位置是「在三月的第一天（**Kalends of March**），往前面算的第六天」，也就是二月二十四日。閏年稱為**bissextile**（**twice sixth**，意思是「兩個第六天」）。那時候沒有所謂的「二月二十九日」，而是把二月二十四日延長為兩天的時間，但在法律上那兩天算成是同一天，也就相當於有一個長達四十八小時的日子。

只不過，人算不如天算，新曆法實施沒多久，一件驚天動地的事情發生了——西元前四十四年，凱撒被暗殺了！原本凱撒的要求是每四年置閏一次，但此後死無對證，然後又發生一個嚴重的誤解，結果人們變成三年就置閏一次。這樣一來，西元前一世紀的閏年發生好幾次錯誤，直到數十年後羅馬帝國君主屋大維（**Imperator Caesar Divi filius**，又稱「奧古斯都」）才減少了幾次閏年，來彌補多閏的那幾次。一般認為，彌補之後恢復正常曆法的時間是西元八年。

「每四年有一次二十九天的二月」這個規律，理論上是在凱撒啟用儒略曆時就開始了，但因為陰錯陽差，過了五十年左右，到了奧古斯都的時候才正式上軌道。當初的作法是延長二月二十四日，到了這幾百年才變成外加一個「二月二十九日」的方式。

消失的十天：格列哥里改曆

剛才我們對於「回歸年」的估算，還不夠仔細。依據現代的測量，我們知道，一個回歸年實際上是三六五點二四二二天。儒略曆每四年閏一次，所以它的一年平均是三六五點二五天，乍看之下和回歸年差不多，但過了幾百年後就開始有差別了！簡單估算，一年差了約〇點〇〇七八天，從西元元年到西元一五〇〇年，就可以差了十天左右了！

每年差一點點，對於人們生活週期可能還沒有太大的影響，但是對於宗教節慶就有不可輕忽的改變了。由於復活節的時間，是從春分的時間推算而來。曆法上的年，與太陽、地球真實關係的回歸年有所偏移，就代表每年春分的時間位在曆法上的日期，也不斷的偏移。春分的時間偏移，復活節的時間也就跟著偏移，這對教廷來說是件大事。

於是，在一五八二年，教皇格列哥里十三世（**Pope Gregory XIII**）宣布改曆。他做了兩件事情：第一件事，改變置閏的規則。為了讓每年春分時間一致，必須讓曆法的年逼近回歸年。原來年份只要是四的倍數就要置閏，但這樣閏太多了，使得曆法平均一年（三六五點二五天）超過回歸年（三六五點二四二二天）太多，因此需要砍掉幾個閏年來修正這個餘額。這時採取的辦法是這樣的：以後年份如果是一百的倍數，但不是四百的倍數，就不是閏年了。也就是說，西元一七〇〇、一八〇〇、一九〇〇年都不再是閏年，但二〇〇〇年仍然是閏年。

以上的作法，就是將「四年一閏」變為「四百年九十七閏」。簡單計算一下，**1/4=0.25**，儒略曆平均一年三六五點二五天；**97/400=0.2425**，格列哥里曆平均一年三六五點二四二五天，與回歸年的誤差縮減到每年〇點〇〇〇三天，到三千多年左右才會誤差一天。這套格列哥里曆，就一直沿用成為現代的「公曆」了。

格列哥里改曆，還做了第二件事情，目的是要讓春分回到三月二十一日，才能維繫復活節原定的時間。因此，他做了一個立即的修正，等於是大

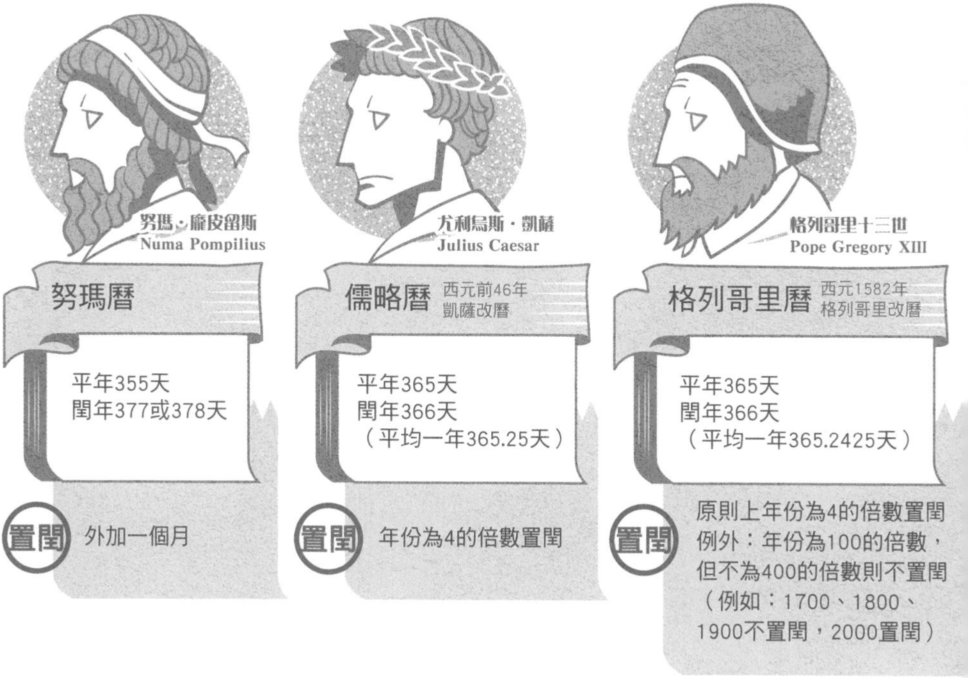

努瑪曆、儒略曆、格列哥里曆的比較圖

刀砍下去，把之前偏差掉的全部改了回來。還記得嗎？我們剛才估算的結果，儒略曆經過一千多年，整整多出了十天左右。這時候，教皇格列哥里十三世作法很直接，直接在一五八二年砍掉十天！所以，一五八二年十月五日到十四日，這十天就因為這次改曆而消失了。

然而，不是全世界都立刻採用這套曆法，並配合「消失的十天」。早在西元一〇五四年，羅馬公教與東正教早已大決裂，這時羅馬教皇宣布改曆，東正教也就都不認帳了。歐洲最後一個採用格列哥里曆的國家是希臘，採用到一九二三年。

那現在還有人在用古老的儒略曆嗎？廣義的說，還是有的，這種人叫做「天文學家」。你會覺得很奇怪，曆法不就是因為天文學家更嚴密的對太陽、地球運動來做計算，講求精確才不斷改正嗎？那為什麼天文學家自己偏偏要使用舊的標準呢？

是這樣的，「閏年」的修正，是為了讓以「年」為週期的曆法，配合真實自然界的季節變化、太陽位置。一般人的生活、宗教儀式都需要以「年」為週期，但是天文學的紀錄沒有這個必要。「年/月/日」這樣的紀錄，在許多運算上太過麻煩，天文學家為了方便，只要一套以「日」為單位的系統，不斷遞加上去就好了。嚴格來說，天文學家用的也不是「儒略曆」了，而是一套以儒略曆定義的起點為標準的「儒略日」。比如說，二〇一六年二月二十九日，儒略日記做「2457448」，後面還可以加小數點。網路上很容易找到公曆轉為儒略日的換算工具，可以上去試試看。

平均每四年多出了一個二月二十九日，別以為是天上掉下來的禮物嘍！人們對於天體運行規律的了解越來越多，又由於宗教等因素，才漸漸使得曆法中的一年接近自然界的「回歸年」。不管是有四十八小時的二月二十四日，還是多出一個二月二十九日，地球才不管這些呢！地球依然按照它的規律繞著太陽公轉，人們則配合自然規律來調整自己的生活步調。時間不斷在往前進，乍看之下多出了一天，其實地球的工作從不罷休喔！

參考資料：

Blackburn, B. J., & Holford-Strevens, L. (1999, November11). *The Oxford companion to the yea.* Oxford: Oxford University Press.

假掰科青的實驗室

2012 年 12 月 21 日是世界末日？

文／雷雅淇

在 2012 年時，許多媒體都曾報導興盛一時的馬雅文明預言我們的世界將在 2012 年 12 月 21 日滅亡，但為何現在世界還是好好的沒有毀滅呢？這跟我們在這一節談到的「曆法」有關。馬雅立法可以分為 365 天的哈布曆（Haab'）、260 天的卓爾金曆（Tzolk'in）、會每日累加的長紀年曆（Long Count），這些曆法互相配合讓馬雅人可以精準的記錄事件發生的時間。

而根據馬雅的傳說，世界是在我們現代曆法中西元前 3114 年 8 月 11 日所創造，而利用上面的曆法計算後，會發現在 13 個 144,000 天後有一個循環，而這天就是 2012 年 12 月 21 日。所以日曆用完了代表世界即將更新嗎？不，這不過是代表我們該拿出下一本日曆了。

參考資料：❶ 馬雅人 Mayaman（2018 年 5 月 23 日）。馬雅曆法：一部精準的時間齒輪。2019 年 4 月 17 日，取自 vocus 方格子網頁：https://vocus.cc/mayaman/5afe3470fd89780001f1428d ❷ NASA Content Administrator (2012, December 23). Beyond 2012: Why the World Didn't End. Science@NASA. Retrieved April 17, 2019, from https://www.nasa.gov/topics/earth/features/2012.html ❸ Dr. Tony Phillips (2012, December 22). Why the World Didn't End Yesterday. Science@NASA. Retrieved April 17, 2019, from https://science.nasa.gov/science-news/science-at-nasa/2012/14dec_yesterday/

寶可夢風速狗，是會讓主人傾家蕩產的神獸？

2016/12/02 原刊載於泛科學網站 https://pansci.asia/archives/110217

文／孫尚永

身為一名訓練師，你真的了解你的寶貝們嗎？寶可夢圖鑑讀熟了沒？其實圖鑑告訴你的比想像中的還多喔！一起來上一門訓練師的科學課，了解這些寶可夢們是如何使用科學力來戰鬥的。

用科學的方式來檢驗風速狗的速度

寶可夢原始的設定中，風速狗是由卡蒂狗進化而成，而大家對卡蒂狗和風速狗的印象，大概就是老虎般的花紋、蓬鬆的尾巴。在寶可夢圖鑑中，花了大半篇幅形容風速狗帥氣的英姿、輕巧快速的跑態，充分表現出風速狗如神獸般的模樣。據說牠是一個晝夜就能跑完一萬公里的超快速寶可夢，而奔跑力量的來源，則是由體內的火焰轉化而成。

寶可夢的設定已經發展了好幾代，所以我們對「速度超快」這種超能力早已司空見慣，但風速狗是第一隻明確寫出奔跑距離、所用時間，並強調是「跑速超高」的神奇寶貝，所以我們理當要來檢驗一下啦！

風速狗一天能跑一萬公里，所以計算下來，牠的平均時速大概是四一六公里，比真實世界中獵豹的時速一一〇公里、印度槍魚的游泳時速一二八公里、遊隼的時速三八九公里都還快。拿動物跟風速狗比實在差距太大了，牠的速度，大概只有全世界最快、合法上路的跑車能夠跟牠相比——跑車 **Venom GT** 的最高時速據說可達時速四三四公里，但就不清楚它能不能維持這種速度開一整天了。

要跑這麼快，一定要有充足的能量來源，正常生物是藉由攝食、呼吸來獲得能量，但風速狗相當的不一樣，圖鑑中明確表示，他是以體內的火焰作為能量來源，也就是風速狗本身是一個熱燃機，就跟汽車一樣。

風速狗的速度＝多少匹馬力？

所以第一個就想問的是：如果風速狗是臺車，他會擁有多少匹馬力呢？

馬力是個功率單位，由蒸汽機的改良者詹姆斯・瓦特（James von Breda Watt）命名，他將一馬力定義為：「一匹馬在一分鐘拖動半徑十二英呎水車二點四圈的距離」，並假設每匹馬能拉動一八〇磅（八十一公斤左右）。現代的馬力，比較多用於表示造船、引擎等燃機功率，其他生活中多半使用「瓦特」（焦耳／秒）這個單位。至於「馬力」與「瓦特」兩個單位之間的關係，一馬力差不多是七四六瓦特。

在各種不同的情況下，馬力會有不同的表示方法，如機械馬力、鍋爐馬力、液壓馬力等，而現在我們是用汽車引擎的情況來計算風速狗的馬力。

當使用前面提過的數據，經計算後，我們得出體重一五五公斤的風速狗，在維持高速的情況下，跑完零點二五英里只要三秒多，馬力數為一六〇二。

目前世界上馬力數最高的跑車，不過才一二〇〇出頭[1]，而風速狗靠著雙腳就能跑出這種速度實在是相當逆天。但風速狗終究是生物，他這樣跑，不會肚子餓嗎？或是說體內火焰不會燒完嗎？

速度驚人，消耗的飼料也驚人

一六〇二馬力將近一二〇〇萬瓦特，也就是每一秒鐘，風速狗的體內會消耗一二〇〇萬焦耳的能量。如果用碳水化合物來提供能量，並且能量與熱量之間的轉換率，在現實世界中不可能百分百全部轉換的話，風速狗一秒鐘就要消化並利用七一點四三公克的碳水化合物。

好吧，似乎是沒什麼感覺，我們就再來個更貼近現實的舉例好了。

筆者家剛好有養狗，所以立刻前去查看家中飼料袋上的營養標示。我家狗飼料上面標示每一克熱量為三點七大卡，也就是每克一五五四〇焦耳，並且每袋重約七公斤，所以如果你家的風速狗跑起來並達到急速，他一秒鐘就會需要消耗七十七克的飼料。聽起來沒有很多，但你會發現在一分半後，牠就會需要吃掉一整袋的飼料，又如果某天牠真的如圖鑑所說的跑了一整天，牠就會需要吃掉超過九百包飼料，而你會破費，花掉超過兩百萬新臺幣買飼料[2]。

幸好這只是簡單的假設，我們並不知道風速狗怎麼代謝、怎麼吃飼料或是吃什麼過活的，但是如果哪一天你看到地平線上出現一隻如老虎般壯麗的狗狗寶可夢朝你跑過來，我建議你還是迴避一下，一方面躲避風速狗的衝撞，一方面準備告訴後面開著跑車的飼主，他家的狗去哪了。

註解：

[1] 當你查看超跑的資料時，會發現在馬力數那裡，單位標示為「bhp」（制動馬力）。這是一種量測引擎馬力大小的方法所得出的數值，是一種利用剎住或制動曲軸轉動方式的普羅尼制動裝置。由此裝置測出引擎的馬力稱為制動馬力。通常馬力數會比制動馬力小十五%。

[2] 順道一提，如果你全力支持你家的風速狗跑完全程的話，你必須扛著這九百包的飼料趴趴走，差不多總共重六三〇〇公斤。別說要用汽車載，你可能得請臺大貨卡幫你運，但很可惜貨卡一定追不上風速狗，所以最好的方法是前一天在沿路放好，然後注意不要被吃掉。

假掰科青的實驗室

如何成為風速狗的好飼主？

文／雷雅淇

如果下定決心要成為風速狗的好飼主，那你不能不知狗狗的飲食需求是怎麼一回事！首先，雖然狗狗跟人類一樣是雜食動物，但有些我們能吃的食物狗狗是不能吃的。例如巧克力，裡面含有可可鹼，少量便能引發狗狗的神經症狀；其他像是洋蔥會讓狗狗產生溶血現象，葡萄則有可能會讓狗狗腎衰竭。

那如果跟小貓怪一起養的話，貓咪和狗狗的食物可以互吃嗎？母湯喔！貓咪和狗狗需要的營養成分是很不一樣的。像是對貓咪來說很重要、體內無法自行合成必須從食物中攝取的「牛磺酸」，在狗狗的飼料中是沒有這項成分的，所以貓咪若跑去吃狗狗的飼料，會無法攝取到牛磺酸。

另外一個差異比較大的是蛋白質的比例，貓咪比狗狗更需要補充蛋白質和脂肪，且較不易消化澱粉，因此如果狗狗吃貓食會容易變胖、貓咪吃狗食則會營養不良。其他還有像是維生素與礦物質所需的比例也不同。所以如果是貓貓狗狗一起養的話，一定要多留意牠們是不是有長期扒別人飯碗的壞習慣，還有也要注意飲食是否均衡喔！

參考資料：❶ 沙珮琦（2016 年 7 月 14 日）。狼王子可以吃巧克力，但狼爸不行？毛小孩與巧克力的愛恨情仇。2019 年 4 月 17 日，取自泛科學網頁：https://pansci.asia/archives/101408　❷ 與狗一起生活。窩抱報第 10 期。

為什麼樹懶要大費周章爬下樹排便？

2014/06/18 原刊載於泛科學網站 https://pansci.asia/archives/61221

文／曾文宣

目前全世界總共只有六種樹懶，分成兩個科，二趾樹懶科（**Megalonychidae**）和三趾樹懶科（**Bradypodidae**），前者有兩種、後者有四種，皆屬於哺乳動物中貧齒總目的成員，都住在南美洲的雨林中。如同名字一樣，你可以很快的從牠們前爪的數目判別物種，三趾樹懶前爪有三爪、二趾樹懶只有兩爪。外觀上，三趾樹懶的臉看起來憨憨賊賊的，眼睛周圍有深色的毛髮延伸至臉側，口鼻部較鈍，看起來就像麥當勞的漢堡神偷一般。二趾樹懶的吻端較長、額頭較低、臉部和口鼻部的毛色較接近，鼻孔看起來彷彿豬鼻般相當明顯。

可能不少人看過節目知道樹懶會每隔一段時間爬下樹排便，不會一股腦兒的直接從樹冠層「空投」下來。這個現象確有其事，不過只有三趾樹懶像擁有特殊的生理時鐘，每隔週就會緩……慢……的爬下樹排便，完事後將糞便鋪蓋上一層葉子，再緩……慢……的爬回同一棵樹上。而在二趾樹懶身上，則少有這樣的行為，不是直接空投，而是在換另一棵樹棲息時，經過地面、在地上排便。比起三趾樹懶，二趾樹懶的排便位置和頻率較容易改變。

這樣的差異可以從兩種樹懶的生態習性來解釋，首先大家必須知道，這類的樹棲型植食者在哺乳動物中相當罕見，大概只有十種左右（不到哺乳類所有物種的〇點二％），因為植食獲取的能量相對較少、需要特殊的消化系統供消化，並且總是需要輕盈點才能棲居在樹上（通常不會超過十四公斤）。具備上述成為樹棲型植食者的條件後，二趾樹懶在食性上能夠攝食葉子、果實和些許動物性蛋白，因此活動範圍較廣。回頭看看三趾樹懶，只吃特定幾種樹種的葉子，獲得能量較有限，因此活動範圍常常不會脫離那一兩棵樹，當然廁所也就不會時常更換了。

說完二趾樹懶和三趾樹懶的差異，我們回到原問題：為什麼三趾樹懶要爬下樹排便呢？

大家有沒有想過，對於這種「緩慢移動、代謝率極慢」的動物來說，幹麼特地費九牛二虎之力，爬到地上大便呢？除了地上充滿了危險的掠食者外（事實上，成年樹懶有超過五成的死亡率是來自於地面掠食者的捕獵），光是爬下樹就耗去一大把能量。過去有人認為爬下樹排便的行為有助於樹懶與其他樹懶接觸，是一個社會化的行為，但這樣的解釋實在有點牽強。有些人則認為爬下樹排便可以當成是一種給大地的回饋，拿充滿營養的排泄物幫自己鍾愛的樹木好好施肥一番。

二〇一四年初刊登於英國皇家學會的研究，包立（**Jonathan N. Pauli**）等人為這個問題提供了一個很棒的解答，用很簡單的三個字來囊括研究的成果就是——「帶便當」！那三趾樹懶爬下樹排便，跟帶便當之間有什麼關聯呢？難不成是要回收自己的大便、響應環保救地球，帶回糞氣四溢的黃金便當嗎？

科學家分析了十四隻霍氏二趾樹懶（*C. hoffmanni*）和十九隻褐喉三趾樹懶（*B. variegatus*）的皮毛樣本、胃內容物和生活在牠們毛皮當中的樹懶蛾（**sloth** moths，或稱 *Cryptoses spp.*）數量等數據後，有了這樣的故事：

主角除了我們的樹懶，還有生活在樹懶毛皮當中的樹懶蛾和一種綠藻（*Trichophilus spp.*）。在此研究發表之前，科學家普遍認為這種棲居在樹懶毛皮中的生物與樹懶是一種「片利」的共生關係，意思是只有一方得到好處，而另一方沒有得到好處、也沒有壞處。新的研究則發現，樹懶和這些小生物是呈現一個高度連結的共生關係，雙方（或是多方）都受惠。

樹懶大便和皮毛內小生物的共生關係示意圖

三趾樹懶會固定一段時間爬下樹排便，到了地面後，那些躲在毛皮裡的樹懶蛾就伺機在新鮮的屎糞中產下牠們的卵。卵孵化後幼蟲就以專食樹懶糞便為生，頭好壯壯的長大，等到之後樹懶再度爬下樹排便時，這些小蟲子會長大成蛾，便跳上了專屬於牠們的樂園，也就是那隻正在上廁所的樹懶毛皮中。

看起來樹懶蛾占盡了好處，那樹懶呢？實驗結果發現樹懶（比較二趾和三趾樹懶）身上的蛾密度越高，毛皮當中的「無機氮濃度」和「綠藻的量」就越高，兩者成正向的關係（蛾死掉後會被例如真菌等的分解者分解，進行氨化作用增加無機氮源，此舉可以刺激綠藻的生長，因此成為了「樹懶菜園」）。

科學家也發現這些三趾樹懶會去食用牠們毛皮上的這些綠藻，最酷的是，這些綠藻對樹懶來說是非常「容易消化」，而且提供的「脂質養分」較高。回想一下，這些無機氮的來源正是那些樹懶蛾的貢獻，此貢獻使得綠藻得以大量生長，為樹懶提供了相當方便且營養的隨身便當！此外，這樣大費周章爬下樹排便，除了為樹懶帶來相當珍貴的營養來源外，也是長久演化而來的精細共生關係，是極獨特巧妙的「樹懶皮毛生態系」。

參考資料：
Pauli et al. (2014, March 7). A syndrome of mutualism reinforces the lifestyle of a sloth. *Proc. R. Soc. B* 281:20133006

假掰科青的實驗室

小小的為什麼，整全出一個有趣故事

文／陳亭瑋

看起來懶洋洋的三趾樹懶有個奇妙的習慣：每隔一週就會爬下樹排便。

如果我們停在這兒，其實也未嘗不是個有趣的動物冷知識。而停留在「這個世界就是這樣」似乎也不是什麼錯誤。但充滿好奇心的科學家還是忍不住要繼續往下問：為什麼？

這個為什麼問出來，居然就勾出了一連串的故事：這件事情，原來跟住在三趾樹懶背上的樹懶蛾和綠藻有關。三趾樹懶身上掛了個「綠藻菜園」，上面有許多樹懶蛾。當樹懶下地面大便的時候，可以順便讓在毛皮裡的樹懶蛾在新鮮的屎糞中產卵，也讓在大便長大的成蛾，跳到樹懶的毛皮中。

樹懶會取食自己毛皮上的「綠藻菜園」，而蛾越多，就能提供更多的氮給藻類，「菜園」換言之也就越加茂盛營養。由此研究看來，三趾樹懶不過是下個樹便便，居然有鞏固精細共生關係、保全巧妙皮毛生態系的功能啊！

科學故事時常一環扣一環，也正是有人問「為什麼」，才讓我們得知一個這麼精采的故事。

不需要測速照相機就能抓超速？區間測速原理大解析

2018/08/17 原刊載於泛科學網站 https://pansci.asia/archives/141083

文／郭君逸

「十次車禍九次快！」為了避免民眾開快車肇生事故，臺灣的高速公路上會沿路架設測速相機。開車族為了躲避測速相機，會在車上裝「反偵測雷達」，只要「反偵測雷達」偵測到測速相機發出的電波，雷達就會發出逼逼聲提醒駕駛減速。

遙想當年，車上裝「反偵測雷達」違反法規，被抓到可是要罰錢呢！不過，自從二〇〇三年遭到許多民眾陳情，裝設雷達已經改為合法。但為了民眾的安全著想，高速公路局又會再購入新型的測速相機，讓舊型的測速雷達偵測不到。然後，你知道的，駕駛人又會再更新反測速裝置，禮尚往來，上演道高一尺、魔高一丈的戲碼。

其實，在高速公路上抓超速，可以不用這麼諜對諜，只要用上一點數學。

微積分中會學到一個著名的數學定理，稱為「均值定理（**Mean Value Theorem**）」[1]。避免引起讀者「數學恐慌症候群」發作，定理經由翻譯年糕翻譯成馬路上的語言是：

「車子由甲地行駛至乙地，必有某一個時間點的車速會等於這段路途的平均速度。」（合理假設車子不會瞬間移動，引擎也無法瞬間變速，相信目前的車子都是如此）

舉例來說，國道一號從臺北到新竹差不多七十公里，從上國道開始算，到下國道，若只花了三十分鐘，這段路途的平均時速是「每小時一四〇公里」，因此根據均值定理，一定有個時間點的時速達到一四〇（公里/小時）。

如果我們可以把這個定理運用到高速公路上，來判斷駕駛有沒有超速，其實有不少好處喔！

第一、省下不斷更新測速照相機的預算

所有的測速相機，可以改成一般相機，只要記錄每輛車經過的時間點，算出每一段路程的平均速度，就可以知道駕駛有沒有超速。

超速警示器業者的網站資料顯示，目前全臺十條國道，所有測速照相機大約有千餘臺，每臺價值約一五〇萬到二五〇萬不等，除此之外，每臺每年維修費七萬塊，全部加起來，保守一點，打個五折，可以省下十幾億的設備費，每年還省下三千多萬的維修費，這個還沒把「前方有測速照相」的路標費用算進去呢！

第二、ETC派上用場

可能有讀者立刻想到，即使不放「測速相機」改放「不測速相機」，這些設備也是要一大筆經費。事實上，我們已經有現成的了，那就是電子道路收費系統

（Electronic Toll Collection, ETC）內設的相機。在光線不足、車子高速呼嘯而過時，ETC的相機能夠清楚拍下車牌，或是利用長距離感應晶片直接記錄車輛通過的時間。目前ETC已經在國道全線架設，雖然剛開始引發了一些民怨，但不得不說，它帶給了我們極大的便利。

第三、減少一時貪快的想法

超速的駕駛大多是看到測速相機才減速，然後相機遠離後又馬上加速，貪圖一點時間。

由於「不會測速的相機」不是測即時速度，而是算平均速度，因此，開太快其實沒有用，因為到下個相機前，超速駕駛為了不讓平均車速過快，必須減速行駛，甚至是停止才能夠降低平均時速，自然產生遏止效果。

另一角度來看，若每一站都要在心裡計算平均時速到底有沒有超過，所帶來的心理壓力不小，還不如一路遵守速限不超速來的輕鬆。

第四、人人輕鬆

一方面，駕駛人不再需要添購高級的反偵速裝置，另一方面，交警也不用再拿著流動測速槍定點舉發，因為所有照相點都可以公開，而且目前全臺有三百多個ETC匣門，有時幾公里就有一個，也就是幾公里就可以計算一次平均速度，不會太遠，因此也沒必要額外隨機拿著流動測速槍進行舉發了。

以上優點只是筆者教完微積分後突然興起的想法[2]，目前交通部已先在萬里隧道實施，至於後來會不會全面實行，背後可能還有很多其他的考量，是我們無法得知的。更多相關細節能查詢各國使用區間測速的實際情況[3]。

不過，話說回來，未來若有一天你收到一張超速罰單，上面不是附上違規照片，而是寫著「根據微積分均值定理，本車車速曾達到一四〇（公里/小時），罰金參仟元整」，這樣你會買帳嗎？

註解：

[1]這裡的「均值定理」指的是「微分均值定理」。

[2]目前的雷達測速其實還是測某段區間的平均時速，只是這個區間非常短，此與微積分中的瞬時速度概念相同。

[3]許多國家也有用均速取締超速，例如：荷蘭（世界上第一個運用的國家）、波蘭、義大利、比利時、奧地利、澳洲。另也感謝讀者黃昭儒和交大應數系林得勝教授分別來信指出，中國和英國都有使用平均速度做為取締超速依據的實例。

假掰科青的實驗室

那麼現在是怎麼抓超速呢？

文／雷雅淇

「區間測速」是利用均值定理來推論車輛在這區間中有沒有超速，這被稱為「區間平均速率執法技術」（Average Speed Enforcement, ASE），是科技執法的一種，在澳洲、奧地利、荷蘭或是中國，都有使用這樣的方式取締超速的案例。

在臺灣，目前僅有新北市萬里隧道首先採用此法進行取締。那麼，其他超速是利用什麼方式做取締的呢？目前的測速照相系統分為「雷達」、「雷射」和「感應線圈」三種方式。雷達是利用固定於地面的系統對車輛發射無線電波，根據「都卜勒效應」，反射的無線電波頻率越高，代表移動的物體速度越快，因此能以換算電波頻率來知道車速是多少。雷射式則是使用紅外光束，打到目標再折射返回，以此去換算移動目標的瞬間位移來計算車速。

不論是利用測速照相或是區間測速來抓超速，都是科學累積的結晶啊！

Chapter 3

科學解釋和你想的不一樣

引言

科學讓你有一雙不一樣的眼睛

文／雷雅淇

「我們DNA裡的氮元素、牙齒裡的鈣元素、血液裡的鐵元素，還有我們所吃食物裡的碳元素，都是曾經大爆炸時的萬千星辰散落後組成的，所以我們每一個人都是星塵。」這是天文學家卡爾．薩根（Carl Sagan, 1934 -1996）曾說過的話，也讓我們感受到：科學家的眼中，有另外一個浪漫的宇宙。

說到科學，總讓人感覺理性、冰冷、不留情面；科學家直面的是物質世界，而科學的目的即是藉由觀察和實驗，去了解世界各種現象背後的原理，並透過不斷的累積，然後歸納、化成定律。接著再去探尋下一個現象，然後再試圖解釋，並一直重複這個循環的過程。科學思考是違反直覺的，我們必須要去壓抑想要馬上解釋並得到答案的衝動，經由相對客觀的觀察與實驗去歸納出規則，儘管這可能不一定是最終的解答，對科學家來說仍是眾多心血，又或是一輩子、甚至是好幾個世代的共同探尋。

而這樣對自然炙熱的眼光，所看出去世界其實相當浪漫。這個章節的選文，讓我們試著去看看科學怎麼熱血回答你我身邊都可能碰到的問題。比如說，貝氏定理的實踐不只在課堂中，在〈情人的加分扣分，請遵守貝氏定理〉裡，用它來算算看眼前這個相遇的人，是不是真命天子或真命天女的機率。

還有還有，爸媽老是會說煮熟的湯圓會浮起來，但你知道這跟糊化反應有關嗎？在〈煮熟的湯圓為什麼會浮起來？〉一文裡告訴我們，原來糊化反應除了煮湯圓和水餃之外，還有更廣的應用。

身而為人很抱歉我會挑食，不過也不用太有罪惡感。〈「這根本不是給人吃的！」─大腦面對討厭食物的內心吶喊〉裡介紹了有關挑食的研究，發現對於挑食的人們來說，大腦看到這些討厭的食物時，根本就不把它當成食物。

諸如此類在我們看球賽、日劇的時候，又或是在我們面對生活的時候，科學知識其實是不可或缺的調味料。早在很久以前人們就在仰望星空，或許這就是人類最早對於自然的觀察。而逐漸的，透過科學家的追尋，我們從星空中逐漸知道了宇宙的誕生，構成你我的分子又是如何來的。說真的，這是我所能想到最浪漫的事了。

讓我們從這些跟科學共處的人，去看看他們眼中浪漫的世界吧！

為什麼我一開電視看球賽就掉分、關電視就得分？

2015/11/16 原刊載於泛科學網站 https://pansci.asia/archives/88467

文／蔡宇哲

二〇一五年十一月，第一屆「世界十二強棒球賽」在臺灣熱烈開展，球員們也確實打出幾場很棒的比賽。但不免會聽到或在臉書看到這類的言語……

「晚上要跟義大利隊比賽，我們晚餐來吃義大利麵吧。」

「可惡！每次我打開電視就掉分數。」

「我老婆不准我看比賽，因為我每次看都輸。」

明明電視裡的比賽輸贏與他無關，但就是會有一些奇怪的行為，好似這麼做就會得分就會贏，或是以為他做了什麼事害球隊輸了，為什麼會這樣呢？

這讓我想到史基納（**B.F. Skinner**）跟他的鴿子。

行為主義大師史基納提出了工具制約的原理，可以讓動物學會很多行為，包含原本就可能會做的（例如：壓桿）跟原本不可能會做的（例如：跳火圈）。這原理主要在於：動物發現行為跟結果有連結，因此行為就會因為結果的不同而有所增強或削弱。比方說鴿子經過學習發現——啄按鈕（行為）就可以獲得食物（好的結果），因此就會增加去啄鈕的頻率。

但行為跟結果之間的連結必然是正確的嗎？不見得。

史基納把鴿子放進以他為名的「史基納箱」中，無論鴿子做任何行為，每間隔十五秒就掉一顆食物，鴿子就會很開心的吃掉這顆食物，之後再過十五秒又掉一顆，鴿子又會把它吃掉……

所以掉食物這件事跟鴿子的行為完全無關，但前面提到工具制約會讓鴿子把行為和結果連結起來，而現在有結果（掉食物）而沒行為那要怎麼連結呢？結論是鴿子就會亂連結。

史基納發現有鴿子碰巧在幾次食物掉下來的時候轉了圈，之後就猛轉圈；有的則是剛好點頭後掉食物，之後就猛點頭；有的則是剛好振翅完就掉食物，之後就拚命振翅。食物明明每隔十五秒就會自動掉下來，但鴿子依然很虔誠的做著儀式性的行為，相信自己的努力終會讓這個箱子看見，而降下美好的回報。

顯然鴿子是獲得了錯誤的連結，明明不相關，但卻錯把行為跟結果連結起來，以至於一直做出看來無俚頭的行為。不僅如此，這類的行為還非常難以削弱，有隻鴿子在不給食物後依然努力振翅超過一萬次。

史基納將這些研究結果整理了一下，投稿到《實驗心理學期刊》（**Journal of Experimental Psychology**），篇名就叫做「鴿子的迷信」（**"Superstition" in the Pigeons**）。

也許你會想說，怎麼可以拿人跟鴿子比，人聰明多了才不會這樣呢，但實際上，心理學家發現其實人也沒好到哪裡去。社會心理學家埃倫・蘭格（**Ellen Langer**）在一九七五年於《人格與社會心理學期刊》（**Journal of Personality and Social Psychology**）發表一系列的實驗，提出「控制錯覺」（**illusion of control**）

的概念，指出人們以為自己可以控制或影響結果，事實上卻無法影響。例如，擲骰子時，想擲出大數字就用比較大的力氣來擲，而想擲出小數字就用小一點的力氣來擲，以為自己可以透過大力或小力，來控制擲出的結果。回到戰況激烈的棒球賽，不在場上打球的觀眾透過各種他們以為有效的「儀式」行為來左右戰局，正是一種控制錯覺。

看個棒球有個乞求勝利的行為，就說是迷信？這也太誇張了吧！是啊，是沒到迷信這麼誇張，然而回想一下，「每次我打開電視就掉分數」、「穿紅內褲就會贏」這類的思維，不就是幾次碰巧而建立起來的連結嗎？人們的控制錯覺一旦像鴿子那樣，碰巧與自己想要或不想要的結果連結起來，就會產生很接近迷信的行為，像是中美職棒很常出現只要連勝就不洗帽子或不刮鬍子之類的行為。這樣說來，很像史基納研究裡鴿子的行為吧！

聽起來人們會有這樣的非理性行為好像很悲哀，其實並不然，整體而言這樣的行為傾向對心理健康是有幫助的。這些思維與行為顯示了人們會對世間萬事萬物積極尋求「因果關係」，因此才會對於一些縹緲的事物產生奇妙的連結。有了因果關係，就能夠產生控制感，而對生活有控制感，正是心理健康的條件之一。大家應該都聽過「習得無助的狗」吧！那正是缺乏控制感所產生的狀況。因此對於生活中自己在意的事項，擁有控制感是件好事。

回到球賽來看，如果覺得賽前吃個義大利麵、抽個古巴雪茄會讓你心情舒適的話，那就做吧！有跟球員一同奮戰的控制感是很棒的。但萬一球賽輸了卻一直自責是自己雪茄抽不夠而感到沮喪的話，那可就太過頭了，此時就跟轉圈的鴿子沒兩樣了。

本文特別感謝高雄醫學大學張滿玲老師提供見解。

假掰科青的實驗室

是人就難逃歸因謬誤，做結論前再想一想

文／沙珮琦

為了理解這個世界，我們常常做出各種解釋；但若不小心做了錯誤的連結，也會因此得到錯誤的結論。例如：古人曾認為地球是世界的中心，也曾有人覺得萬物都是由風、火、水、土所組成。

心理學家發現我們其實常有許多歸因謬誤，例如：基本歸因謬誤、公平世界假說等。而自利偏誤（self-serving bias）也是其中之一，這種謬誤是指人們傾向將成功的因素歸功於自身的性格特質，而將失敗的原因怪罪於外在的環境因素。「好的都是自己、壞的都怪別人」這種思考方法，很容易使得我們充滿盲點，也因此忽略了自己必須改進的部分。

不過，難道歸因謬誤都是壞的嗎？其實也不一定。比如說，知名的「吊橋效應」就可能有助於情感升溫。下次在做評論和決策前可以停下來想一想，檢視一下自己在思考時的各項限制，才不會落入歸因謬誤的陷阱喔！

參考資料：❶ 鄭國威（2015 年 10 月 26 日）。每個人都是不理性的人？淺談常見的歸因謬誤，及其背後的意義。2019 年 4 月 16 日，取自泛科學網頁：https://pansci.asia/archives/87359　❷ Joel Levy（2017）。Why We Do the Things We Do: Psychology in a Nutshell（為什麼有點變態，反而很可以？）（林錦慧譯）。臺北：遠流出版事業股份有限公司。

逃避雖可恥但有用？心理學解析《月薪嬌妻》

2016/12/16 原刊載於泛科學網站 https://pansci.asia/archives/111020

文／海苔熊（程威銓）

二〇一六年很紅的日劇《月薪嬌妻》（原日劇名為《逃げるは恥だが役に立つ》，照意思翻為「逃避雖然可恥但有用」），席捲了臉書很多的版面，不過你有沒有想過，為什麼這部日劇會有這麼多人追？它打中了我們心裡面的什麼？只因為演員新垣結衣可愛，所以追劇嗎？還是因為自己跟津崎平匡一樣是魯蛇宅男，一邊看一邊滿足自己的幻想？這個看起來荒謬至極的契約婚姻劇情，真正想要表達的究竟是什麼？

當你已經魯了大半輩子，終於有機會可以脫魯的時候，你真的能夠放棄你原先「專業魯蛇」的身分嗎？又為什麼條件這麼好的森山美栗（森山みくり，由新垣結衣飾演）會願意進入「契約婚姻」呢？

為什麼要逃避？

「因為不了解而害怕，我到目前為止，在無意之間，到底給多少人造成了不同程度的傷害呢？說不定連美栗小姐，也因為我不經思考的言行受到了傷害……這實在是一種想說，卻說不出口的複雜心情。」這是在某一集中，平匡在美栗睡過的床上幻想了一陣子之後，又起來用空氣清淨劑噴了整張床鋪，然後跟自己說的一段話。我們多少能理解他之所以會這樣做，或許是要逃避自己「愛上一個人」的那種心情。可是，為什麼要逃避這種心情呢？

一直以來，如果你都是用「專業的單身男」來定義自己（這就是你的「自我概念」，英文為 **self-concept**），那麼有人進入你的感情生活時，你就面臨兩難的抉擇：我究竟是要開始這段關係，然後冒險去做那些我不熟悉的事情，或是閉上眼睛假裝沒有看到，維持我「專業單身男」的自我認同呢？這其實也是一種「自我維持」的行為，就像憂鬱的人會去找一些負面的證據，來證明自己有多悲慘[延2]。

「比起刺激我更愛安穩，那就是專業單身男的終極之道。」在劇中，平匡於某一集如此說道。

等等，為什麼要如此虐待自己啊？

這你就不懂了，對某些缺乏自信的人來說，「穩定」這件事情，比起什麼都重要——即使它看起來很不可理喻。逃避雖然可恥，但有用——這也是為什麼，你難過的時候會聽難過的歌，因為在心情差的時候「穩定的難過」比起「不確定的快樂」更好，這就是傳說中的「追求情緒一致」[延13]。

三種逃避的類型

在人際關係與心理狀態上，逃避至少有三種不同的類型：

一、人際逃避：社會焦慮或社交恐懼，指的是和別人相處的時候會有莫名的焦慮感，與人說話的時候會感到不自在，稍微相處久一點就會覺得害羞很緊張、不知道該說什麼，或者是想趕快逃離現場等。有可能是源自於童年、青少年時期的一些自卑感、被霸凌的經驗等。輕微的社交／社會焦慮（**social anxiety**）[延18]也可能顯現在不知道如何跟人打招呼、說再見等[1]。

二、逃避依戀（**avoidant attachment**）：不喜歡太靠近黏膩的關係。當伴侶問到一些比較內心的事情時，會覺得不舒服[延14]，習慣維持和伴侶比較疏遠的距離，也不太擅長說自己的感受。有一些研究發現，這種類型的人在情感上很容易蜻蜓點水，不斷的轉換伴侶，每一個都沒有深入，或同時和不同的人交往。不過，相較於主角平匡，討厭被結婚綁住的風間可能更符合這個描述，你看甚至連在第三集摘葡萄的廟宇山坡上，大家提議一起大喊，他都說自己「不喜歡大喊」，可見他對於描述自己內心的事情，是有麼不習慣[延15]。

三、逃離情緒：並不是典型的心理學用語，不過你會在很多實務心理工作經驗上看到這樣的狀況——當事人不願接觸自己的情緒，或是過度的超級理性、只用大腦來思考和推理事情，而忽略了人與人之間也有情感交流的部分。這種類型的人可能在處理人際問題的時候，會過於使用邏輯推理「就事論事」的方式，看起來好有腦好聰明，但實際上不但是忽略了自己的感受，也忽略了對方的情緒。對這個議題有興趣的人，可以看溝通姿態（Communication Stances）裡面的「超理智型」延23、25、29、30。

當然，上面這三種分類並不是互斥的，而且世界上還有更多種不同可能的逃避出現在我們日常生活中，例如：逃避結婚、逃避工作（像是拖延症）、逃避去面對一直以來困擾你，但又不敢碰觸的人生議題。

就像平匡說的：「逃避雖然可恥但有用。」我一直相信，一個症狀或生活策略看起來雖然非常奇怪，但某種程度上也是因為，當事人透過這種方式跳過或是解決了生命中的某些困難，從中獲得了好處，所以奇特的策略就因此被延續了下來。

焦逃配：無法離開又難以結束的關係

這部片之所以能夠被瘋傳，其實是它在不知不覺中，打中了在戀愛裡最常見的一種戲劇性組合[2]：追逃型關係。

你有沒有一些女生朋友[3]，常常跟你抱怨她的男友總是不懂她的需求、總是像一個木頭，每次要討論重要事情時，男朋友不是消失不見、已讀不回，不然就是一副不在乎的樣子。她總是愛得很辛苦、覺得很累，卻又無法離開這樣的關係？

「這麼說來好像從頭到尾都是我一個人在積極，從契約婚姻、週二的擁抱時間……說不定根本就只有我一個人一廂情願的喜歡他？」片中的美栗如此說道。

「天啊！平匡你不要送給我好嗎？」螢幕前的魯男A說。

「美栗為什麼你要這麼傻、痴痴的等呢？」螢幕前的迷妹B說。

「要是我，面對這樣的『木頭』，我早就『辭職』不幹了！」螢幕前的淡定姊C說。

這樣看起來弔詭的關係似乎很難維持，但為什麼沒有分開呢？其實恰恰相反，研究發現這種「一個追一個逃」的關係往往才不容易分開[延3]，而兩人之所以能夠繼續維持下去，其中一個很大的因素是：那個逃跑的平匡，偶爾也會停下來。

一直逃避的平匡每一次的自我反省，就是一種「停下來」。它對美栗有一個很大的意義，美栗可能會想：原來我只要一直努力追，對方是有可能會停下來的，那我就更不能放棄了！（眼前出現比賽的小劇場和幻想）

需求滿足與關係不確定性

看到這裡你終於知道，為什麼這樣的組合會扣人心弦，而且無法分離了吧？

但老實說，如果從頭到尾只有一個人在很拚命的付出，如果你一直希望能夠了解他更多，但他卻總是像拿鏟子去敲平底鍋的鍋底一樣「**ㄎㄧㄤ！ㄎㄧㄤ！ㄎㄧㄤ！**」，很堅強、防禦很高、不說出自己的感受，那麼你終究也是會累的。

所以，如果是一般人，這樣的契約婚姻根本不可能維持吧？為什麼美栗條件這麼好的人，會願意守在那麼冷淡的平匡旁邊呢？雖然很多的角度都可以解釋這樣的狀況（例如：美栗的個性、過往不斷被拒絕、不被需要的經驗等），不過這裡我想談一個核心的東西，叫做「需求理論」。

「一個人在無法滿足A需求的困境中，另一個情況經常也一起出現：對他而言更重要的B需求被滿足了……因為『已得到的B需求』往往對那個人更為重要，才會讓人處在困境中難以改變！」[4]

換言之，這個看起來很荒謬的婚姻關係，勢必滿足了兩個人共同也更重要的需求，在雙方的需求上得到了平衡。例如，兩個人可能都對婚姻有一些擔心，或是對自己沒有自信，他們一起找到一個「逃離社會眼光」的方法，並肩作戰，所以這段婚姻就滿足了他們「原來有人跟我一樣，常常不被他人接受」那種被懂的感覺。

當然，這並不是長久之計，隨著兩人產生情愫，當一段關係沒有辦法呈現「彼此想要的那種親密」時，這種「不確定差距」（uncertainty discrepancy）就很容易讓關係面臨危機。

研究發現，當你對於這段關係有更多的不確定性（relational uncertainty）[延12]，你想了解他更多，但他願意告訴你的內容卻很少時，這會損傷你對這段關係的自我效能（self-efficacy），你會擔心：我們真的能夠繼續下去嗎[延16]？

也因為這樣，你看到片中好多次美栗都對自己產生懷疑，懷疑自己會不會被炒魷魚、懷疑對方是不是真的喜歡自己、懷疑對方傳的訊息，可能只是老闆和員工之間的事務訊息而已……。

如果這樣繼續下去，大概只會有兩種結局：

一、兩個人愛得很辛苦，卻分不開。

二、最後一方受不了，決定離開這樣的關係。

但有趣的是，這兩個主角一開始擁有的那個好像很可恥的技能「逃避」，卻成為轉動命運之輪的鑰匙！

陰影裡，也包含改變的力量

一個人究竟什麼時候會改變呢？當你發現你對世界舊有的認識無法處理你現在面臨的窘境、讓你感到痛苦不堪，就是你改變的時候[延26、27]。

「啊，果然還是沒有辦法這樣硬撐啊！」平匡在很多天熬夜趕案子後，終於病倒了。而這個病倒也讓劇情往前推進一大步。

呈現脆弱（vulnerability）有助關係改變、增加親密（intimacy）[延1、6]。如果沒有硬撐加班後的這場病，美栗也不會有機會可以到家照顧他、靠近他的內心。不過，「呈現脆弱」是一把雙面刃，也可能會讓自己受傷，這也是後來平匡不斷逃避的原因——不要期待，不受傷害。

如果這樣一直逃避下去，兩人會越來越疏遠。畢竟，對伴侶隱藏悲傷，只會把你的悲傷擴大，也把關係帶往更黑暗的地方[延17]。幸好，在這樣看似「一廂情願」的關係中，還有一個令人動容的改變！

後期美栗持續了一段「單方付出的關係」，而平匡之所以開始產生改變，其實是來自於美栗的離家出走。有時候，離開是為了回來，這個脈絡裡面，更可能是為了讓愛回來。

「關係是兩個人的互動，當你做了一點和以往不一樣的事情，你就會發現這段關係也會有一些改變。重點在於，你願不願意當那個想改變的人？如果你不能讓對方停下來、不要逃跑，那麼你有沒有可能做一件不一樣事情是——換成你停下來，不要追？」周慕姿心理師說。

當這段關係裡面，一直在追的那個人停下來，或是往不同的方向前進，你會發現這樣的改變也會帶動伴侶的改變。當自己熟悉的世界不一樣，當他開始覺得痛苦，開始擔心是不是自己做錯了什麼，這樣的反省，也會讓原本已經走到僵局的關係有了契機[延26、27][5]。

所有的角色都是逃避的

這部片還有一個你所不知道的祕密：所有的角色都是逃避的。

整體來說，美栗看起來是主動的那一個，但實際上她也是透過不斷跳進幻想裡，來逃避現實當中那些讓她困窘的情景。根據家庭系統理論[延5、20]，我們都會複製爸媽的行為模式[延24]，美栗的行為其實從她爸媽身上也可以看到一些端倪，你看他們在討論重大的事情時，往往都會有人中途打岔、偏離主題。爸媽這樣的能力，也締造了一個喜歡幻想的女兒。不過，如果全家都是這樣就糟糕了，幸好女兒在某種程度上，也發展了務實的能力。

至於劇中其他的角色，也有逃避的影子：

風見涼太：逃避依戀、逃避婚姻。

土屋百合：逃避討論年齡、逃避卻又渴望感情。

沼田賴綱：對平匡有感情卻逃避面對，選擇用揭發、跟蹤、迂迴的方式阻撓平匡與美栗的發展。

日野秀司：常常想約平匡等人聚會，卻總是因為孩子或家裡變卦沒到，你覺得他是否有在逃避什麼？

整部影集看起來有不同性格的角色，但實際上，它可能只是反應編劇或觀眾，人格中的不同面向。劇中幾乎所有的角色，都是一個很好的投射客體。也就是說，所有的角色，都是你內在的部分投射（projection）。

你和誰比較像？誰說話的時候，會讓你有一種「對，我也會這樣想！」的感覺？當你看到裡面的主角用他們的方式去度過難關的時候，你的感覺是什麼？

最後，我相信這部連續劇會吸引大家，某種程度也在於它用比較幽默的方式，來討論嚴肅的主題。這點倒是滿類似童話治療（Marchen als Therapie）[延4、11、21、22]利用故事和幻想，來讓聽故事的人產生改變。透過幻想、腦袋裡面的自言自語、內心的小劇場，呈現每一個角色的內在既是脆弱，但同時也是可愛的。

雖然有時脆弱，有時機車的讓人難受，但每個人都有他人無法取代的可愛。

註解：

[1] 對於這個概念有興趣的人可以參考岡田尊司醫師的書《人際過敏症：曾經良好的關係，為什麼突然改變？》

[2] 其實嚴格來說並不是最常見，但絕對是「最有戲」的一種。如果以依戀風格來說，在不安全依戀種種組合當中，焦慮和逃避的組合占一七點八%（王慶福，2000）。而如果以情緒焦點伴侶治療（emotional focused couples therapy）接洽的個案來說，大約有八成來談的夫妻符合這種一個人追、一個人跑的組合（Susan Johnson, 2000；Sue Johnson, 2009；Susan M Johnson, 2012）。另外，在 Gottman（2010）的相關研究回顧當中，這樣的組合也是最常被討論到的典型之一。

[3] 雖然在臺灣的研究中，焦慮依戀整體來說是女性比較多，但這並不表示所有的組合都是女焦慮，男逃避。事實上，每一段感情都不一樣，當然也存在相反的情況。

[4] 引自賀孝銘的《高手過招—分享「需求導向諮商模式」》教學講義。

[5] 本文引用盧怡任、劉淑慧（2013，2014）的研究，主要是裡面提到一個「受苦經驗轉化」概念：人在痛苦的時候，勢必會經過一些與過往經歷斷裂的經驗，這個斷裂會讓人想辦法去調整他對這個世界的看法，或者調整他的行動。其實，某種程度上這也是概念「認知失調（cognitive dissonance）」中所說的事：當處境和你的認知行為有所衝突時，要嘛就改變行為，不然就改變認知。此外，有些人會透過諮商來面對自己遭遇的困境，如果你對「在受苦中的人（例如分手後），如何透過與諮商師的經驗連結，拓展對自己對世界的理解」有興趣，也可以參考林其薇（2014）的論文。

延伸閱讀：

1. Epstein, R.（2010）。Fall in Love and Stay That Way。Science American Mind，January。
2. Evraire, L. E.、Dozois, D. J. A.（2011）。 An integrative model of excessive reassurance

seeking and negative feedback seeking in the development and maintenance of depression。Clinical Psychology Review，31（8），頁 1291-1303。doi: 10.1016/j.cpr.2011.07.014

3. Fraley, R. C.（2010）。A brief overview of adult attachment theory and research。University of Illinois。

4. Franz, M.-L. v.（2016）。解讀童話：從榮格觀點探索童話世界（徐碧貞譯）。臺灣：心靈工坊。

5. Gilbert, R.（2013）。Bowen 家庭系統理論之八大概念：一種思考個人與團體的新方式（江文賢譯）。臺灣：秀威資訊科技。

6. Giles, J.（1994）。A theory of love and sexual desire。Journal for the Theory of Social Behaviour，24（4），頁 339-357。

7. Gottman, J. M.、DeClaire, J.（2010）。關係療癒：建立良好家庭，友誼，情感五步驟（徐憑譯）。臺北：張老師文化事業股份有限公司。

8. Johnson, S.（2000）。Emotionally focused couples therapy。Comparative treatments for relationship dysfunction，頁 163-185。

9. Johnson, S.（2009）。Hold Me Tight：Seven Conversations for Lifetime of Love（抱緊我：扭轉夫妻關係的七種對話）（劉淑瓊譯）。臺北：張老師文化事業股份有限公司。

10. Johnson, S. M.（2012）。The practice of emotionally focused couple therapy: Creating connection。：Routledge。

11. Kast, V.（2004）。童話治療（林敏雅譯）。臺灣：麥田。

12. Knobloch, L. K.、Solomon, D. H.（1999）。Measuring the sources and content of relational uncertainty。Communication Studies，50（4），頁 261-278。

13. Lee, C. J.、Andrade, E. B.、Palmer, S. E.（2013）。Interpersonal relationships and preferences for mood-congruency in aesthetic experiences。Journal of Consumer Research，

40，頁 382-391。

14. Monin, J. K.、Feeney, B. C.、Schulz, R.（2012）。Attachment orientation and reactions to anxiety expression in close relationships。Personal Relationships，19（3），頁 535-550。doi: 10.1111/j.1475-6811.2011.01376.x

15. Slotter, E. B.、Luchies, L. B.（2014）。Relationship quality promotes the desire for closeness among distressed avoidantly attached individuals。Personal Relationships，21（1），頁 22-34。doi: 10.1111/pere.12015

16. Tannebaum, M.（2015）。Seeking Sexual Health Information from Romantic Partners: Testing an Application and Extension of the Theory of Motivated Information Management。

17. Uysal, A.、Lin, H. L.、Knee, C. R.、Bush, A. L.（2012）。The Association Between Self-Concealment From One’s Partner and Relationship Well-Being。Personality and Social Psychology Bulletin，38（1），頁 39-51。doi: 10.1177/0146167211429331

18. Vassilopoulos, S. P.、Brouzos, A.（2012）。A pilot person-centred group counselling for university students: Effects on social anxiety and self-esteem。The Hellenic Journal of Psychology，9，頁 222-239。

19. 王慶福（2000）。當男孩愛上女孩－人際依附風格類型搭配、愛情關係與關係適應之研究。中華輔導學報，8，頁 177-201。

20. 王鑾襄、賈紅鶯（2013）。Bowen自我分化理論與研究：近十年文獻分析初探。輔導季刊，49（4），頁 27-39。

21. 河合隼雄（2015）。童話心理學。中國，海南：南海出版公司。

22. 苑媛（2014）。解讀童話心理學。臺灣：國家。

23. 張冬寶（2016）。薩提爾模式運用在婚前伴侶—以一個團體諮商方案為例。諮商與輔導（371），頁 23-26。
24. 黃之盈（2016）。從此，不再複製父母婚姻：35種練習，揮別婚姻地雷，找回幸福。臺灣：寶瓶文化。
25. 盧宜蔓（2009）。大學生的溝通姿態、自尊與人際關係之研究。高雄師範大學輔導與諮商研究所，臺灣。
26. 盧怡任、劉淑慧（2013）。受苦經驗之存在現象學研究：兼論諮商與心理治療的理論視野 [An Existential-Phenomenological Inquiry on Suffering: A Discussion on the Theoretical Perspectives of Counseling and Psychotherapy]。中華輔導與諮商學報（37），頁 177-207。
27. 盧怡任、劉淑慧（2014）。受苦轉變經驗之存在現象學探究：存在現象學和諮商與心理治療理論的對話 [An Existential-Phenomenological Study on the Transitional Experience of Suffering: Dialogues between Existential Phenomenology and Theories of Counseling and Psychotherapy]。教育心理學報，45（3），頁 413-433。doi: 10.6251/bep.20130711.2
28. 林其薇（2014）。當事人在諮商中的經驗：諮商關係的連結與世界之開展。國立彰化師範大學輔導與諮商學系所，臺灣。
29. 謝馥璟（2014）。大學生親密關係中，溝通模式、性別角色取向與關係適應之關係。國立東華大學諮商與臨床心理學系，臺灣。
30. 顏欣怡、卓紋君（2013）。大學生情侶之愛情風格、溝通姿態、關係滿意度及關係承諾度之探討－對偶分析研究 [A Dyadic Analysis of Love Styles, Communication Stances, Satisfaction, and Commitment among College Dating Couples]。中華心理衛生學刊，26（3），頁 443-485。

假掰科青的實驗室

慣性逃避？可能與童年經驗有關係

文／沙珮琦

為什麼在面對關係時，有的人能勇敢自信的迎接未知，有些人卻會選擇逃避呢？心理學家嘗試透過依附理論來解答這樣的問題。在依附理論中，將人們的依附類型分為四種，分別是：安全型依附、逃避型依附、焦慮型依附、混亂型依附。

這種理論認為，我們對於情感、關係的態度，與童年時和照顧者的互動有非常大的關係。安全型依附的人，在兒時有需求時，照顧者會回應他們的需求，因此在長大後傾向相信自己值得被愛，也能信任人、與他人建立親密關係。

逃避型依附的人在兒時可能沒有獲得照顧者的回應，讓他們變得「自立自強」，而在成人後則會避免展現脆弱，在自己與他人間保持距離。焦慮型依附的人，在幼時可能在採取較激烈的哭鬧後獲得照顧者的回應，於是，他們在長大後會用較激烈的方式尋求回應，害怕自己被拋棄。而混亂型依附的人，則同時擁有高焦慮與高逃避的特質。

不過，這些依附類型並不是固定不變的。關係的建立需要練習，我們其實可以藉由不斷檢視自己，一步步做出改變，重建自己的安全避風港。

參考資料：❶ Psydecative——貓心（2019 年 3 月 13 日）。「依附類型」從何而來？這要從童年開始說起——依附理論系列（十五）。2019 年 4 月 16 日，取自泛科學網頁：https://pansci.asia/archives/148842 ❷ Harry F. Harlow (1958). The Nature of Love. *American Psychologist*, 13, 573-685.

煮熟的湯圓為什麼會浮起來？

2015/03/05 原刊載於泛科學網站 https://pansci.asia/archives/76303

文／陳亭瑋

要煮一碗好吃的湯圓，其實很簡單，首先燒一鍋水，水滾後把湯圓丟進鍋子裡維持攪拌以防黏底燒焦，等到湯圓浮起，用小火煮個一、兩分鐘，就可以起鍋加湯趁熱吃了。煮湯圓的過程中有一些小訣竅，可以讓湯圓更好吃，例如：湯圓浮到水面上再煮幾分鐘就剛剛好、甜湯和湯圓得分鍋煮才好喝，不過，究竟是為什麼呢？

這一切都要從湯圓的主要材料——糯米粉開始講起。

澱粉，一切都是因為澱粉

糯米粉的主要化學成分是澱粉[1]，將澱粉在室溫下加水不會有太劇烈的反應，就只是吸水微微膨脹，爾後沉澱。但如果將澱粉混合適量的水分並且加熱（六〇至七〇度，依澱粉種類），則會產生所謂的「糊化反應」（Starch gelatinization），原先聚在一起的生澱粉間鍵結被動搖，水分子趁隙插入澱粉分子間。如果有足夠的水與熱能進行到最後，水分子將會包圍澱粉分子——也就是說，澱粉溶解在水溶液中了。

在廚房裡進行的勾芡動作，前半段就是標準的糊化反應：本來太白粉在室溫下加水，不過是碗白粉懸浮液，但將它倒入熱騰騰的湯中攪散幾下後，白色的澱粉顆粒們都消失、溶入湯中了——至此，就是一套完整的「糊化反應」。

勾芡的後半段，溫度降低後，原先因高溫而分開的澱粉分子，彼此間的化學鍵拉力又開始拉近彼此，也就是所謂的稠化過程；勾芡要等到降溫之後才能看見結果，你的湯品（玉米濃湯、酸辣湯等）此時才開始變得黏糊糊的。這也是為什麼一般賣湯圓的店面會把湯圓和甜湯分開煮，因為煮湯圓的過程中，有一部分的澱粉會進到水裡完成糊化反應，而降溫後這些澱粉會讓甜湯微帶黏稠，口感不好。

湯圓煮熟會浮水主要就是由於半套的糊化反應，為什麼說半套？客倌您看清楚，湯圓並沒有變透明啊！煮湯圓加熱會破壞澱粉分子的結晶，讓水分趁虛而入——也就是糊化的前半段。糊化化學反應進行的同時，湯圓的物理性質也有改變：當水進到澱粉分子間，形成新的結構，讓湯圓的體積變大了。根據傳奇的阿基米德原理[2]，物體受到的浮力等同於排開液體的體積；因此隨著煮湯圓的過程，半套糊化反應持續進行著；而湯圓體積持續變大，所受到的浮力也因此持續增加；待湯圓得到的浮力等於湯圓本身的重量，就可以見到浮到水面的湯圓啦！

冰太久的湯圓煮不熟

湯圓吃多了會消化不良，那吃不完的湯圓又該怎麼辦？有點廚房常識的人大概都知道，煮過的湯圓再度加熱，裡頭的湯只會變得越來越稠；或者用科學一點的說法來說：持續加熱，完成糊化反應的澱粉會越來越多，冷卻的湯就越黏……。那乾脆不要下鍋煮，把吃不完的生湯圓擺冰箱吧？

呃，實驗[3]證實，這也不是個好主意，因為擺太久的湯圓會乾脆不熟了。

讓湯圓煮熟需要水分與澱粉結合反應，但是在冰箱（特別是冷凍庫）放太久的湯圓，湯圓內、澱粉間隙的水分很容易被抽乾。把乾掉的湯圓下鍋煮[4]，能接觸到水分的湯圓表面，能照正常速度煮熟甚或煮爛；但內部沒有水分與之反應（外部的水分很難進去），裡面的澱粉再怎麼加熱也沒有反應，就只是個澱粉團。所以，成果便是外糊內粉的生湯圓糊。

所以湯圓最佳的保存手法，就是廣邀親朋好友趕快吃掉，化為他們身上的脂肪，畢竟冬至吃湯圓不是重點，重點應該是親友相聚的歡樂時光啦！

註解：

[1] 糯米粉內含的澱粉主要是支鏈澱粉（我們一般吃的米中，直鏈澱粉占十五至十七%），這也是糯米煮起來比其他米種黏的主因。

[2] 你一定記得，那個衝出浴缸大喊「尤里卡！尤里卡！」（希臘語：εὕρηκα，意為「我發現了！」）的故事，浮體原理應該是阿基米德最膾炙人口的貢獻。

[3] 這篇文章的發想，就是因為我們家那兩盒在冷凍庫從冬至擺到元宵，以至於怎麼煮都煮不熟的大小湯圓。

[4] 目前我想到的補救方法只有打掉重練：把乾掉的湯圓捏成粉再加水重頭搓一次。徵求實驗結果或其他補救方法，這個方法顯然不能應用在挽救大湯圓身上。

參考資料

Harold McGee（2004）。On Food and Cooking（食物與廚藝）（蔡承志譯）。新北：大家出版社。

假掰科青的實驗室

糊化的澱粉雖然好吃，但可別吃過頭啊！

文／沙珮琦

Q 彈的食物總是讓人覺得特別幸福，比如湯圓，或是珍珠。不過啊，澱粉的糊化作用可不會在那些特別 Q 的食物中才會出現，像是臺灣料理愛用的「勾芡」，乃至於冬天最棒的享受——鹹粥，也能觀察到糊化作用。

那些經過長時間熬煮、經過澱粉糊化的粥，雖然會變得十分濃稠可口，卻也會使得澱粉中的糖分變成分子更小的能量物質，讓人體容易吸收，也就會讓你的血糖咻咻咻的上升了！這聽起來沒什麼大不了，但對於糖尿病患者來說，這樣的食物，會造成身體極大的負擔。

像是古典文學史上有名的愛國詩人陸游，就是鹹粥的愛好者。退休後的他，喜歡每天早上起床熬粥、睡個回籠覺，再好好享受美食。這種習慣乍聽下十分養生，但糊化作用將增進血糖上升速度，長期下來會對腎臟、心臟等器官造成傷害，對於疑似患有糖尿病的陸游來說，這些食物實在是生命不可承受之重啊！

參考資料：譚健鍬（2016）。史料未及的奪命內幕。臺北：時報出版。

情人的加分扣分，請遵守貝氏定理

2014/09/11 原刊載於泛科學網站 https://pansci.asia/archives/66830
文／賴以威

對於渴望戀情的單身男女來說，「看人」是非常重要的技能。更精確的來說，「適婚年齡＋單身＋其實不想單身」的人，某種程度上正是缺乏了「看人的能力」才會單身。

看人很困難。曖昧中的男女總在內心扮演福爾摩斯，觀察細節，然後開玩笑、但也帶著幾分認真的加分扣分。

約會遲到十分鐘扣五分；聊天聊到一半回 **LINE** 訊息扣九分；隔桌小屁孩哭哭啼啼比飛機降落還吵，她只哄了兩分鐘，小孩就變得比孫芸芸代言的高級家電還安靜，加十分；聽到我不好笑的笑話還笑，加二十分（但這樣代表品味不是很好，就事論事依然得扣一分）。

笑容很可愛加三十分。

我們用簡單的加減法評量對方。只是，這種加分扣分真的正確嗎？或許，比起算總分，我們應該翻轉思維，思考眼前這人有多少機率，會是我的理想情人。然後，再利用托馬斯．貝葉斯（**Thomas Bayes**）所發明的機率定律——貝氏定理，來計算機率。

貝氏定理告訴我們，每位對象都有一定的機率是理想情人。約會的每個當下，我們都能算出這組「理想情人機率」。倘若發生了新事件，再利用新事件來更新機率值。

請想像這樣的小劇場，女主角是剛學會貝氏定理的芷帆……

※

某天上午，朋友傳 **LINE** 訊息問起芷帆的感情狀態，她清楚這是開場白，對方昨天才對自己的臉書大頭貼照按讚，照片裡只有一杯黑咖啡，旁邊擱了幾顆糖，就像她一樣，獨自裝滿了苦、澀、酸，唯獨與甜絕緣。

「我男友的好朋友剛好也單身。」

「剛『好』是怎樣，單身一點都不好啊！」芷帆心裡嘀咕。不等芷帆回答，朋友彷彿業務介紹商品般滔滔不絕描述，身高一七五公分，BMI低於二十，在一〇一大樓上班，興趣是閱讀，特別是科普類書籍。遮住嘴巴像王力宏，遮住眼睛像謝霆鋒，整張臉遮住像金城武。

「為什麼遮住臉像金城武？」芷帆忍不住問。

「手指像。」

朋友傳了照片。雖然不到她描述的那麼誇張，但外表是芷帆喜歡的類型，手指很修長，真的有點像金城武的手。依據過去約會、認識異性的經驗，芷帆內心進行了一段超級電腦也無法模擬的運算，吐出一個她也不知道怎麼來的數值：

「這男的，有三十五%的機率是我的理想情人。」

我們稱這個為先驗機率（a priori probability）。

※

做為理想情人的機率超過三成，芷帆決定給這男的一個機會，他叫思綸。

交換連絡方式後，思綸約芷帆週末在臺北中山站的咖啡廳見面。那是一間浪漫的白色系咖啡廳，挑高天花板，頂樓有一整面落地窗，還有一整排的白色書架、上面放了日式雜誌以及剪修整齊的盆栽。芷帆早到十分鐘，一走上樓，發現思綸已經坐在靠窗的座位上了。

看見芷帆，思綸起身過來。

「靠窗的風景很漂亮，我就想早一點到，來等這個座位。」

芷帆清楚，這間咖啡廳沒辦法預約座位，想搶到窗邊特等席，至少得提早半小時到。她看見桌上剩一半的水瓶，還有思綸真誠的笑容，心想，他可能是一位很誠懇的好男孩，努力想讓第一次約會變得完美；但也可能是一位千錘百鍊的情場浪子，每一個步驟都經過精心設計。

芷帆想起前陣子學到的貝氏定理，她決定透過貝氏定理，仔細檢驗眼前的這位男生。貝氏定理問，如果是適合芷帆的好男孩，特地早到的機率是多少？又或者是不適合芷帆的浪子，特地早到的機率是多少？

我們用A和B各自表示「芷帆的理想情人」和「特地早到占位子」這兩個事件。方才貝氏定理的這兩組提問，可以用條件機率來表示。

適合芷帆的好男孩，特地早到的機率 $=P(B|A)$。$P(B|A)$ 的意思是，給定A事件發生的情況下，B事件發生的條件機率。

不適合芷帆的浪子，特地早到的機率 $=P(B|A^c)$。A^c 表示與A事件剛好相反的事件。

※

根據過往經驗，芷帆認為好男孩早到的機率很高，$P(B|A)=90\%$。壞男孩早到的機率低一點，一方面他們得和很多人約會；另一方面，他們通常擅於言詞，早到獨自坐在那裏，不能發揮他們的強項，因此機率略低，$P(B|A^c)=70\%$。

出門前的先驗機率「思綸有三十五%的機率很適合她」，寫成數學式子為

P(A)=35%，P(A^c)=65%。現在要做的，是將先驗機率和剛才的兩組條件機率整合。

「不好意思，我去一下洗手間。」

芷帆躲進廁所，在紙巾上寫下貝氏定理的公式：

$$P(A|B)=\frac{P(B|A)P(A)}{P(B|A)P(A)+P(B|A^C)P(A^C)}$$

公式的左邊 P(A|B) 是所謂的事後機率（a posteriori probability）。意思是當發生B事件（特地早到）後，我們得到新的觀察，因此事件A（思綸是芷帆的理想情人）的機率將隨之改變。

「發生的事件越多、得到越多的觀察後，就越了解對方，也就能得到更精確的機率估測。」這就是貝氏定理的精神。

芷帆按起手機計算機。

$$P(A|B)=\frac{P(B|A)P(A)}{P(B|A)P(A)+P(B|A^C)P(A^C)}=\frac{0.9\times0.35}{0.9\times0.35+0.7\times0.65}=41\%$$

計算結果表示，發生B事件後，「思綸是適合她的好老公」的機率從三十五%提升六個百分點，來到四十一%。這組機率值，將成為下一次新事件的先驗機率。

事情往好的方向前進了。鏡子裡的芷帆露出笑容。

※

一年後，場景來到飯店的婚禮套房。晚上十點，芷帆跟思綸送客的禮服都還沒換，兩個人癱在床上。

「原來辦婚禮這麼累。」

「有經驗後，下次就輕鬆多了。」

芷帆白了他一眼，思綸故作害怕的拿領帶遮住眼睛。安靜了一會兒後，思綸說：「我覺得啊，婚禮會弄得這麼忙，搞不好是老祖宗的智慧。」

「為什麼？」

「要是不累，我應該一整天都會瘋瘋癲癲，過度亢奮。」

思綸轉過來看著芷帆。

「娶到你，是我這輩子最開心的一件事。」

芷帆沒接話，雙頰泛紅。這人總是這樣，像突襲檢查的方式說浪漫話。她想起這一年來，他們相處的點點滴滴，每一次事件，芷帆都細心的用貝氏定理檢驗，達到真正的「加機率值」、「減機率值」。

當思綸求婚時，他是理想情人的機率已經超過九〇％，芷帆眼眶泛淚，開心的答應。

「半年前，你想分手的時候，我以為一切都要完了。」

思綸又是突然蹦出一句話，勾起芷帆的一段回憶……

※

半年前的某晚，他們約好見面。到了餐廳，芷帆卻連絡不上思綸。手機沒開、**LINE** 訊息不回，連已讀的勾勾都沒有。

「嗯？你不是傍晚來我們公司，思綸出去見你，回來就早退……」

說到一半，同事才意識到不對勁，但已經來不及替思綸隱瞞了。芷帆跑去思綸公寓樓下等，直到半夜，才看到思綸的車從巷口駛進來。

「她論及婚嫁的男朋友劈腿，被發現後不但沒道歉，那男的還決定跟第三者在一起……你聽我解釋，我手機剛好沒電，她情緒又很不穩定，我決定先安慰她，晚上再跟你解釋。」

她是思綸的前女友。

他們是學生時代的情侶，交往過五、六年，相處起來像家人。雖然分手多年，但芷帆總認為，如果思綸離開她，一定是因為那女的緣故。也因為這樣，當芷帆知道思綸竟然為了她跟自己爽約，又和她獨處到半夜。

芷帆蜷著腿蹲在路燈下，站著的思綸擋住了燈光，卻擋不住她潰堤的淚水。

※

她不敢相信思綸會做出「與前女友獨處到半夜」這種事（我們命名為事件C）。更何況，經過半年的相處，作為理想情人（事件A），思綸的機率已經高達七十三％。她認為，假如是理想情人，做出事件C的機率應該非常低，了不起最多

五%，因此$P(C|A)=5\%$。但要是一個錯的對象，做出這種事情的機率應該是一半一半，$P(C|A^C)=50\%$。然後將這些數字套入貝氏定理……

$$P(A|C)=\frac{P(C|A)P(A)}{P(C|A)P(A)+P(C|A^C)P(A^C)}=\frac{0.05\times0.73}{0.05\times0.73+0.5\times0.27}=21\%$$

比剛認識時，思綸是理想情人的機率三十%還低。這個結果讓芷帆的心沉到谷底。她聽見自己的聲音說：「我們分手吧。」

她不給思綸任何解釋的機會，將自己封閉在家裡，回到臉書大頭貼照裡的那杯咖啡，酸、苦、澀，與甜絕緣。直到介紹的朋友約芷帆吃飯，想緩緩芷帆想分手的心。

「我覺得如果是好老公，就不會做出這種讓對方擔心的事情。」芷帆搖搖頭的說。她比誰都想原諒思綸。

但她知道她不會看人，她只能相信貝氏定理的結果。貝氏定理告訴她，思綸是理想情人的機率只有近兩成，她不應該再繼續下去。

「你太嚴格了，那種情況下，是我也可能會這樣做。因為我相信我女朋友能理解，也會相信我不是會背叛她的人。」朋友的男朋友在一旁忽然插了嘴，朋友也點點頭。

「聽說他前女友很情緒化，要是想不開，思綸才真的會一輩子掛念著她。所以他才花那麼多時間安撫她。」

芷帆動搖了，她又問了其他人，贊成或反對的都有，但整體下來，不如她當初預期的一面倒。因此，儘管芷帆還是認為思綸不是個好老公，才會做出這件事。但她意識到，當初預估的五%機率過低，應該還思綸個公道，修正一下。

芷帆統計眾人的反應，將 **P(C|A)**，也就是「假定思綸是理想情人，卻跟前女友獨處到半夜」的機率提高到三十%，也就是說 **P(C|A)=30%**。

芷帆拿出計算機來計算。幾秒後，芷帆重複檢查，確定式子沒有寫錯。然後，她盯著計算紙半响說不出話。

$$P(A|C)=\frac{P(C|A)P(A)}{P(C|A)P(A)+P(C|A^C)P(A^C)}=\frac{0.3\times0.73}{0.3\times0.73+0.5\times0.27}=62\%$$

僅僅只是從五％到三十％的調整，「思綸是理想情人的事後機率」卻從二十％提升到六十二％。儘管比先前的七十三％下降，但也只下降了十一個百分點。

原來，他們之間還是充滿著許多可能。

芷帆將計算結果抱在胸前，慶幸自己有做過這次驗算。這是她第一次發自內心的感謝貝氏定理。貝氏定理讓她有個好理由原諒思綸，讓他們能繼續下去。

芷帆這才清楚自己的感受。就算只有二十％的機率思綸會是好老公，或許到最後，她也不會放棄思綸。畢竟真正完美的感情，就算只有那麼一％的機率，也值得一個人費盡一切去追求。

※

「我還以為你睡著了。」

芷帆回過神來，思綸靠得很近，一張臉占據她全部的視線。他的手輕輕掠過她的頭髮。

「你的手指很漂亮。」芷帆握住思綸的手。

「是有人說過像金城武的手指，但被這麼讚美，誰會感到開心啊。」思綸不以為然的說著，然後繼續回到方才的話題。

「那時候，你後來為什麼決定復合呢？」

「朋友勸我的。」

「哪一位朋友，今天有來嗎？你沒跟我講，我要好好謝謝他。」

「貝葉斯。」

「啊，外國人？」

假掰科青的實驗室

來點數學，讓難以抉擇的人生難題迎刃而解

文／沙珮琦

在為情人評分時，可以妥善運用貝氏定理，但如果那還是太難，不妨試試另一種方式：設下「最佳停止點」來為你的決策提供方向吧！無論是生活中的任何問題，我們都可以用最佳停止點來思考，舉凡午餐吃什麼、週末去哪玩、情人怎麼找、房子怎麼買……

在數學心理學上，已經找出了這個神祕的數字：「37」。只要將你願意花費的時間，乘以 37%，你就能找出最佳的抉擇時刻。

就拿尋找伴侶來說吧，假設我們從 16 歲開始尋找人生中的另一半，直到 40 歲的階段會接受自己即將單身一輩子的事實，那麼，我們就可以計算出：

$$[(40-16)+1]\times 37\%=9.25$$

這表示，最佳的抉擇時刻是開始追尋伴侶後的第 9 年，也就是 25 歲上下，假設你在這時候有穩定交往的對象，他是最佳伴侶的機會非常大。當然啦，人與人的相處本就沒有固定公式可言，不過偶爾用點數學，說不定會有意外收穫喔！

參考資料：林希陶（2019 年 3 月 19 日）。人生大事難以抉擇？用「最佳停止點」來幫助你下決定吧！ 2019 年 4 月 16 日，取自泛科學網頁：https://pansci.asia/archives/156137

「這根本不是給人吃的！」大腦面對討厭食物的內心吶喊

2019/10/12 原刊載於泛科學網站 https://pansci.asia/archives/127851

文／沙珮琦

想想你昨天的晚餐，有沒有遇到什麼讓你難以下嚥的食物呢？我們或多或少都會在餐桌上看到命定的剋星：芹菜、香菜、花椰菜、番茄……但是，如果要你說說自己到底有多討厭那些食物，或為什麼討厭那些食物，大概也很難形容吧？

不過，科學就是要講求精細，於是來自法國的研究團隊決定利用「功能性磁振造影」（**functional magnetic resonance imaging，fMRI**）來看看人們對食物的厭惡程度。而這個研究，甚至讓他們獲得了二〇一七年搞笑諾貝爾獎呢！

傑利鼠最愛的起司，居然是顧人怨冠軍？

桌上食物百百種，而且青菜蘿蔔各有所好，研究者要怎麼決定用哪種「顧人怨」的食物呢？

研究團隊先利用報紙的廣告找到了三百多位不同年齡、不同性別的人士，而後讓他們填寫問卷，並使用李克特量表（**Likert scale**）表示自己對於七十五種食物的感覺。如果受試者有特別不喜歡的食物，研究者會進一步追問：不喜歡是因為食物不耐症、還是因為有過敏、還是文化影響、還是你的飲食習慣特殊（例如：素食）呢？

在經過問卷調查之後，研究團隊發現到：在八種食物類別中，不喜歡起司的人最多。在三百三十二位受試者中，竟然有高達十一點五％的人表示自己不喜歡起司；其中，更有六％的人給了起司零分跟一分。這在研究者眼中其實是非常不可思議的一件事，因為法國可是充滿著各式各樣的起司啊！

到底有多討厭起司？把起司討厭者送進 fMRI 吧！

在得到問卷的結果後，研究者決定鎖定令人避之唯恐不及的「起司」來當做研究目標。他們想知道：喜歡起司和討厭起司的兩種人，他們的大腦究竟有何不同？為了解開這個謎題，研究者找了三十位女性，她們皆是右撇子、嗅覺正常、年齡相仿，唯一的差別是：其中十五位喜歡起司，而另外十五位則討厭起司。挑選完畢後，研究者便將把她們送進 **fMRI** 的機器中。

在機器中，受試者會帶上氧氣面罩，而研究人員則站在外頭，手上拿著個神祕的幫浦，只要輕輕一按，就可以透過嗅覺儀（**olfactometer**），將各種氣味例如起司、小黃瓜、蘑菇、比薩……傳到面罩中。只要聞到氣味，受試者就可以按下按鈕，以一到五分來表示自己對於氣味的厭惡。而除了十二種氣味（六種不同起司的味道、六種其他食物的味道）之外，研究者也進一步使用視覺刺激，將十二種食物呈現於受試者眼前。

由於 fMRI 並沒有辦法確實看到神經元活躍的情形，只能測量神經元活動引發的血流改變，所以這種研究仍然有其限制。不過，光是看血液的變化也透露了許多資訊。在這個實驗中，研究者發現到：討厭起司氣味的人，一旦聞到起司的味道或看到照片，大腦中的「外蒼白球」（GPe）、「內蒼白球」（GPi）以及「黑質」（Substantia nigra），這三個部位的血液流動就會變得非常不一樣。

究極偏食大絕：不把討厭的東西當食物！

在過去的研究中，科學家發現這三個部分跟大腦裡的「獎賞系統」有著密切關聯，也就是說，通常它們會在你遇到「喜歡」的事物時變得活躍。獎賞神經迴路會釋放出讓人愉悅的化學物質，讓你對食物深深著迷，才不會一不小心就餓死自己。

然而，現在團隊卻進一步發現：獎賞神經迴路居然跟「厭惡」也息息相關。這個發現的內容是：讓你喜歡某些食物和討厭某些食物，在大腦中可能是同一套系統，只是操作方式不同而已。如果要讓你喜歡上一種食物，大腦會在你吃它時感到快樂；而如果要讓你討厭一種食物，大腦就在你避開它時給你點甜頭。所以，外蒼白球、內蒼白球和黑質不只讓你記下喜歡的東西，也會讓你記下討厭的東西，進而對於特定食物產生厭惡、逃避或偏食的情形。

也就是說，你可能不是討厭起司，而是喜歡「討厭起司的感覺」。

另一方面，團隊也發現：如果你討厭的食物擺在你面前，而你一點都不想碰的時候，那麼你的腹側蒼白球（Ventral pallidum）就會顯得較不活躍。那麼，腹側蒼白球原本會在什麼時候活躍呢？答案是：當你肚子咕嚕咕嚕叫、眼前又剛好出現食物的時候。

這個區域對誘因性動機（incentive motivation）來說非常重要，它的活躍就是大腦在告訴你：「食物就在你前面！快去吃！」討厭起司的人在面對一般食物時也會出現這種反應，然而當他們看到起司、聞到起司味的時候，腹側蒼白球卻罷工不幹了。而它罷工的結果就是，讓它的主人完全不會想要去吃起司。

這麼看下來，有沒有覺得好像為自己的偏食找到了理由呢？

參考資料：

1. Jean-Pierre Royet, David Meunier, Nicolas Torquet, Anne-Marie Mouly and Tao Jiang (2016, October 17). The Neural Bases of Disgust for Cheese: An fMRI Study. *Front. Hum. Neurosci.* Retrieved October 12, 2019, from https://www.frontiersin.org/articles/10.3389/fnhum.2016.00511/full

假掰科青的實驗室

不想被操控，從了解大腦做起

文／陳亭瑋

你有特別喜歡的顏色或者是味道嗎？大腦的認知系統是個特別有趣的東西，它從我們很小的時候，就會將各式各樣的東西連結在一起，而這樣的連結，往往影響了你後來對一件事物的感受。

你覺得自己聞到薰衣草的味道會感覺平靜，但也可能是小時候每當你平靜時，例如睡前，就會聞到薰衣草的味道。於是大腦就將兩者連結起來，所以與其說是薰衣草讓你平靜，或許也可以說成是薰衣草幫助你的大腦想起那個「平靜的感覺」。

所以，人類的大腦是可以藉由一些東西進行操控的。你可能想起「催眠」的概念，但其實不必然如此深入，環境的顏色、聲音、氣味、資訊的編排方式，都有許多常見的技巧試著影響你的大腦與判斷，像是店家裝潢會讓你感到用餐愉快、某篇文章寫作意圖激起情緒等。如果希望減少受到操控的可能，就從了解你的大腦做起吧！

Chapter 4

科學思辨和你想的不一樣

引言

用科學去思辨這個世界

文／鄭國威

快速進步的科學與技術，看似滲透到生活中的方方面面，卻也沒辦法遏止偽科學謠言，身為科學傳播從業者，面對滅之不盡、防不勝防的偽科學謠言，有時也不禁覺得疲憊。然而這也正是為什麼，科學從不只是科學家的事，而是一個需要所有人一起參與的志業（Enterprise）。

謠言是一種虛假訊息傳播的「形式」，偽科學則是虛假訊息的一種內容，一種內容可以透過多種形式來呈現，一種形式也可以承載多元的內容，就像我們可以把紙拿來做成書，也可以做成紙尿布，承載的內容天差地遠。

謠言是在社交互動的過程中，以非結構的、碎片的，很難溯源的內容來呈現，以前都是靠面對面的口耳相傳，現在當然也透過盛行的社群通訊媒體，像是「FB、

LINE、YouTube 等。

偽科學雖然常透過謠言這種形式來傳播，但也會透過媒體、書籍、課程、演講活動等其他比較有結構、有脈絡、有清楚出處的方式來傳播，同樣的，謠言不一定跟科學或偽科學有關，有時謠言小到只是辦公室或班級裡的感情八卦、有時則大到是國與國之間的宣傳攻防戰。

你的大腦早已經成為情緒駭客的目標，他們利用各種手段讓你迷信盲從，但人為何那麼容易受騙？我們不正是因為大腦優異的性能才成為地球上獨特的存在嗎？看完〈我們容易受騙，是因為大腦漏洞百出〉，以後別隨便說別人腦子有洞，因為你我都有很多洞。

偽科學謠言的生產與傳播者善用「簡化」、「懷古」、「複雜」、「專家」等技巧說故事，讓你聽得津津有味、渾然不覺「這不科學」，但為什麼人總是買故事的單，而忽視數據，不去檢驗證據？看完〈為什麼比起數據，人們更容易相信個案？〉，就別再被名人見證跟代言矇著眼帶著走。

新聞媒體是現代絕大多數人接收科學相關訊息的主要管道，因此，能夠理解媒體所報導的科學相關內容，並加以反思，是科學思辨最重要的一環。然而為什麼新聞媒體時常錯誤的報導科學，甚至成為偽科學、假專家的造謠助力呢？看完〈外星人新聞釀成雙重災難〉與〈跨年夜的捷運改變了地球磁場？那真是比萬磁王還要狂啊！〉你會對新聞呈現科學的狀況與問題更了解。很遺憾，當新聞越來越追求即時、新聞工作者欠缺專業、新聞報導強調因果呈現，也就離科學越來越遠，這是我們得共同面對的社會問題。

最後，媒體上常出現「新的研究發現打臉過去的研究發現」這樣子的新聞，描述得好像先前的科學家都傻傻的搞錯了，但其實我們得明白，科學知識是會演進的，不是一成不變的。能夠持續修正，正是科學最寶貴的價值。有時候是研究設備變得更先進了，有時候是因為時空背景整個都不一樣了。

你也可能會看到不少科學界的糟糕新聞，像是科學家抄襲、造假之類的。主要的原因是這些跟道德瑕疵有關的事件，很吸引媒體與閱聽人，所以會被媒體放大。

比較值得擔憂的問題是，那些沒被發現有錯誤的科學，透過媒體放大了，該怎麼辦？也就是當科學研究有錯，但沒人發現，那麼這樣的知識透過媒體傳播開來，我們有辦法察覺嗎？看完〈你看過「狗狗其實不喜歡被抱」的新聞，但你發現問題了嗎？〉這篇，就開始多注意那些簡單直白、譁眾取寵、以及未經重複檢驗的科學新知吧！

你看過「狗狗不喜歡被抱」的新聞，但你發現問題了嗎？

2016/04/30 原刊載於泛科學網站 https://pansci.asia/archives/97793

文／鄭國威

二〇一六年四月十三日，《今日心理學》（Psychology Today）雜誌的網站上，加拿大英屬哥倫比亞大學心理系退休教授史丹利．科倫（Stanley Coren）發表了一篇專欄文章〈數據說：「別抱狗！」〉（The Data Says "Don't Hug the Dog!"），表示有充分證據顯示狗狗討厭被擁抱。但這是真的嗎？

首先，無庸置疑的，科倫教授是資深的心理學家，特別在跟狗有關的動物心理學上耕耘許久，著作等身。他在文章開頭先講個故事，提到他帶著他的六個月大的狗（品種是新斯科舍誘鴨尋回犬，原名為Nova Scotia Duck Tolling Retriever）到附近的大學某學院參加「狗狗舒壓日」，這活動滿有趣，是為了讓期中考或期末考地獄中煎熬、壓力爆表的大學生可以透過跟狗抱抱來抒壓。而有一位嬌小的女性把科倫教授的狗抱起來，他立刻發現狗把頭轉開避開眼神接觸，耳朵垂下，嘴巴張開發出些微的嗷嗷聲。於是科倫教授靠過去跟這位女孩說：「你真的不該抱狗，牠們並不喜歡這樣，會讓牠們有壓力。」

結果這女孩有眼不識泰山，說自己正在念發展心理學，學到對人類來說，擁抱非常重要，而且讓人愉悅。當媽媽抱小孩的時候，會讓代表愛與連結、分別分泌在母子身上的催產素（**oxytocin**）都升高，如果父母不常擁抱或觸摸小孩，小孩之後可能會缺乏同理心，無法與他人產生情感連結。當然，科倫教授也就直說了：「啊狗就不是人啊！」文中提到，由於狗類是善於奔跑的動物，透過迅速移動來躲避威脅，行為學家認為，當我們擁抱狗狗時，其實是剝奪了牠們的移動能力，增加牠們的壓力，如果真的受不了，狗狗甚至可能咬人。科倫教授認為這應該是常識，但他卻只找到兩篇研究談類似的事，而且兩篇的焦點都放在「若人把臉跟狗靠得太近會被咬」，而不是在於「抱著狗會被咬」。於是他決定自己做個「調查」，他在網路上找了二百五十張人與狗狗的擁抱照片，然後先篩選過一輪，剔除那些明顯會造成狗壓力的行為（例如把大型狗抱起來）。爾後，科倫教授「自己分析」後發現，八一點六％的狗狗，在照片上看起來很不舒服，並表現出如下的情形：

- 耳朵下垂
- 眼白露出（翻白眼）
- 轉頭避免與擁抱者眼神接觸
- 舔舌頭
- 因屈從而閉起眼睛

而只有七點六％的照片顯示狗狗當下是舒服的，剩下十點八％的照片，則是看不太出來或屬於中性表情。科倫教授認為他找到的照片，應該大多是飼主想展示自己多麼愛狗狗，以及他們之間的感情有多好，才會將照片放上網路。但是，分析結果卻顯示另一回事：大部分的狗狗並不愛被抱。

然後這篇文章就結束了。

等等，狗狗真的討厭被抱嗎？

首先，這並不是完整的研究，頂多算是一篇由專業人士寫的專欄文章。文章中提到的二百五十張照片的分析資料，並沒有經過同儕審查，除了科倫教授自己之外，沒有人知道他到底挑了哪些照片，自己選照片、自己評斷、自己下結論的「研究方法」也稱不上合理，總之根本不能算是嚴謹的研究。任何一個念過研究方法，或知道什麼叫做「同儕審查」的人，都知道這過程不太合理，但為何全臺媒體都在報導，而且完全沒提到這盲點？

幸好還是有媒體發現這問題，《華盛頓郵報》的科學部落客瑞秋・菲爾曼（**Rachel Feltman**）就訪問了科倫教授，而他誠實的表示這「只是一個隨興的觀察結果」，並沒有經過嚴謹的同儕審查。

「同儕審查」這個步驟，是為了讓同領域的其他科學家來檢視、討論該研究，也是科學上建立研究可信度的重要基礎。缺少此步驟的研究，也就是沒有經過他人的檢驗，可信度令人存疑；更何況就算文章通過同儕審查，在同領域的其他研究出現前，無法互相印證，也很難看出這個研究真正的侷限，因此要從一個單一研究得出具體結論，其實是很困難的。

要說科倫教授的結論到底對不對，其實是辦不到的；但科倫教授得到這結論的方式，的確是不夠科學。因為我們不確定資料從何而來，到底採樣有多隨機？我們不知道每張照片的拍攝脈絡、狗狗在拍照前的心理狀態，也就無法客觀判斷狗狗在被抱之前跟被抱之後的差異。研究狗狗心理狀態的人，只有科倫一位嗎？別忘了他本來就期待看見某種結果。或者，我們能請多位不知道實驗目的的人，來對狗狗照片進行編碼，通常這樣就能比較客觀。

菲爾曼的觀察結果，會不會是：比起狗狗可愛的模樣照，狗主人更喜歡將狗狗的怪表情照放到網路上，儘管那代表著狗有壓力？然而，照片中比較糟糕的抱狗方式，跟一般自然抱狗的方式接近嗎？另外，照片中抱狗的小孩跟成人比例如何？如果我們要求這個是「科學研究」，就要考慮更多可能影響實驗的因素，而前述的試問，都有可能影響實驗的結果。

杜克大學狗類認知研究中心的共同主任伊凡．麥克連（Evan MacLean）回覆菲爾曼時則認為，這是一個很好的開始。麥克連提到，這個研究中用來評斷狗狗壓力的指標，大多是可以接受的，不過有些可能會引起爭議。例如，研究用耳朵下垂程度判斷狗狗受壓力的程度，在某些狗類天生耳朵就下垂的情況中，可能造成誤判；另一個例子是關於狗狗們眼白的大小，這也會因為牠們看的方向不同而有所差異。舔舌頭也是一樣，其意義因時而異。

科倫教授說，他很開心能得到這麼多人關注，因為他就是希望人們對於擁抱狗狗這件事更為謹慎；至於文章被媒體當成一個完整的研究來報導，他不太意外，認為可能是因為標題中用了「數據」（data）這個字。科倫強調，人們會因為看到科學名詞，對這則訊息更為重視，而這位二〇〇七年就退休的教授，避重就輕的接著說這只是提出一個疑問，爾後嘗試觀察與測量罷了。他期待其他科學家接手研究，但他自己沒打算重披戰袍。

說了這麼多，下回看到可愛的狗狗時，該不該抱牠？

對於這個問題，麥克連對華盛頓郵報說，他還是建議避免用人類的方式擁抱狗狗，因為這其實是一個「屬於靈長類才有的行為」，畢竟要對狗狗表達愛意其實有很多種方法。總之，別把狗抱得太緊。

如果不是緊緊的擁抱，只是摟抱或是撫抱呢？科學有答案嗎？其實還沒有。或許你可以把這當做研究主題，但別只是隨意在網路上找照片來評斷了。

感謝 D.I.N.G.O. 認證犬訓練師黃媛欣提供資料。

假掰科青的實驗室

放開那隻狗！……等等，或許不用？

文／鄭國威

你是否曾在路上遇過明明被鐵鍊栓在家門口，卻老愛衝著人吼叫、一副凶狠樣的狗呢？你可能會覺得這隻狗肯定是因為太凶了，所以才被拴著，但其實或許相反，是因為牠的行動被限制了，無法透過快速移動來躲避「你」這個越來越靠近的「威脅」，所以害怕的牠只好先衝著你吼叫，試圖讓你別靠近。

每隻狗都有自己的個性，界定跟對待陌生人跟熟人的方式也不太一樣，但為了避免意外，不要隨便抱狗，讓狗緊張，看起來像是個沒什麼問題的好建議。但為什麼即使如此，我們依舊要對傳達了看似正確建議的新聞再三查證呢？因為那不科學啊。

科學觀察需要遵守科學原則，如此一來，建基在觀察之上的思辨，也才會是科學的。在搖晃不穩的「擬事實」上搭建理論的鷹架，最終只會崩塌收尾。社群媒體讓人們很容易跟風評論時事，但如果連時事是否真的發生過都不太確定，老是用「如果這是真的，那……」，也容易成為傳播錯誤資訊的幫凶。

我們的確不能，也不必對所有消息都嚴格查證，但慎選自己關注的資訊來源，讓自己周遭環繞同樣具有科學思辨力的社群，是值得身體力行的方式喔！

跨年夜的捷運改變了地球磁場？那真是比萬磁王還要狂啊！

2017/11/06 原刊載於部落格「地球故事書」https://panearth.blogspot.com/2017/11/blog-post.html，2017/11/07 轉載至泛科學網站 https://pansci.asia/archives/129425

文／潘昌志

又看到讓人火冒三丈的新聞報導《三百萬人瘋跨年倒數 讓研究團隊發現北捷影響地磁場》，雖然早就見怪不怪，但忍不住就要抱怨一下。別再說什麼認真就輸了，去看相關報導底下網民對研究的酸言酸語或是錯誤理解（例如研究很無聊、北捷會害大屯火山爆發嗎？為什麼北捷會影響全球磁場等言論），就知道這不認真不行啊！

先說一件最重要的事：

並不是研究有問題，是新聞的論述有問題！

並不是研究有問題，是下標的方式太奇怪！

並不是研究有問題，是腦補的報導太過頭！

更不用說後來的報導以及其他各式各樣的延伸報導，走向真是越來越誇張。這些報導至少都犯了二個錯誤，其中第一個大問題都出現在標題，讓我們看一下幾個標題：

- 三百萬人瘋跨年倒數　讓研究團隊發現北捷影響地磁場
- 蝦米？北捷竟能造成地球磁場異常
- 創全球之先重大發現　跨年夜北捷載量大改變地球磁場

地球磁場可以被人為改變嗎？不行！這也是最根本的錯誤，因為目前依「自激磁學說」（**Self-exciting dynamo**）所認知的地磁場成因，是受外地核的液態金屬運動產生，地表的擾動對其影響太小。而地球磁場的量測所量到的資料僅僅就是「總磁場強度」，因此眾多報導犯的很大一個錯誤，便是「地球磁場」和「量測地球磁場」的差異傻傻分不清楚。

而這之間的差異究竟在哪呢？磁力儀量測地球磁場的時候，不僅會量到地球本身的磁場，還會量到各式各樣的訊號，包括太陽輻射、太陽磁爆、地層中的金屬礦物、地震或火山的前兆（目前還不能百分百確定，這也是原研究布設儀器的研究目的），以及這篇報導提到的其他人為來源。

因為量測只會知道總結值，無法知道是個別的來源貢獻，科學上最直接的方法就是用多臺儀器、多地設置的方式，用各種交叉比對的方式來推估，所以這篇報導的研究，就拿了臺北的幾個測站和花蓮的測站相比，試圖找出原因。

我們現在知道「捷運」可能會影響這個量測值，然而報導簡化了研究脈絡，看起來會以為研究很容易，但問題是正在進行研究的時候，是不會先知道這是個影響因素，加上國外之前也沒有前例指出捷運系統會影響量測值，因此「跨年的加班營運」就成了最重要的關鍵。這個「額外」的營運等於幫研究做了實驗，成了在沒有延駛時的對照組。

所以回過頭來，我們只能說研究能告訴我們的是：捷運造成磁場變化，影響了地磁場觀測結果。

如果嫌這個標題不吸引人、不會有人看，不然起碼也把地球磁場後加上「觀測」二字，這樣起碼不會錯這麼大。畢竟「影響地磁場」是一個極為強烈的因果句，很容易誤會成捷運影響了地球本身磁場，但它其實只影響了觀測結果。

當然啦，用再嚴苛一點的角度來看這則新聞報導，將「跨年人多」跟「影響地磁場」串連在一起，也是有問題的。因為造成磁場變化的原因，研究的觀察重點不在於「人的數量」，不然人人都是萬磁王了好嗎？實際上問題是聚焦在車子運行時的電流影響，所以車班多、營運時間才是關鍵。

至於這樣的研究最大的貢獻在哪，本人覺得絕對不僅止於是上述舉出的報導中所強調的「捷運產生雜散電流」、「磁場對人體影響」諸如此類的問題。可以先想一下，我們每天坐捷運多久？離軌道多近？以及最重要的「20000nT的磁場強度是多大？」話說，文中寫的 **20000nT = 0.02mT**，其實電冰箱的 **5mT** 比這個值多了二五〇倍，要擔心電車不如先擔心電冰箱吧？真要擔心的話，恐怕也不能待在地球上了，因為存在環境中的背景磁場也是介於 25000 ~ 60000 多 nT 喲！

但是，不提捷運電流和磁場對人影響，這研究對「一般人」有什麼相關呢？其實我們只要問一個簡單的問題就好：「為什麼要觀測這個」？

多數報導文中其實都有提到，這幾臺磁力儀是用來「監測大屯火山活動」而設立的，前面也提到觀測值中有很多眉角，所以實際上我們把「火山和地震的前兆當成觀測目的」，其他所有的值都是要濾除的雜訊，要濾除就要先弄懂所有雜訊的來源；而捷運行駛影響是影響觀測的因素之一，是因為目前在國際上還沒有太多人將其定義出來。

而且監測大屯火山本來也就是件對民生來說十分重要的事，弄清楚如何更能濾除非地震的訊號，不也是很重要的成果貢獻嗎？實際上地震或是火山活動的許多監測方式，都是在找「異常事件」，但異常事件還得要排除各種可能，才能聚焦在地震或火山的因素上。所以要找這種前兆是辛苦的工作，並不是加減乘除可以解決的。科學家的五年功全都在這邊，報導若是偏了，也就會一瞬間弱化他們的貢獻。

或許，你會覺得經我一提後，這項研究似乎跑到遙不可及的象牙塔中，不妨看看以下這段話：「或許你會發現，跨年倒數的時光，可能貢獻了你最在乎的情感交流；但你不一定會知道，當天末班延駛捷運，正在放出科學家最在意的微小電流。」

謹以這句超展開的結尾提醒大家，在新聞報導上看到驚世研究時，請多想幾秒鐘，世界可以很不一樣。大多數人都希望研究可以很簡單的告訴我們結論，但通常科學觀測和研究上有意義的結論，都比想像中還要複雜一點。

最後附上原始研究文獻名稱：《**Artificial magnetic disturbance from the mass rapid transit system in Taiwan**》，有興趣的人可以在網路上找到文獻全文。

假掰科青的實驗室

記者跟科學家就是「磁場不對」？！

文／鄭國威

最常出現在偽科學故事或新聞中的關鍵字，除了「量子」，大概就是「磁場」了。就連在生活中，也常見「我跟他磁場不對啦！」這樣的說法，來表示雙方不合拍。

「磁場」一詞在不斷誤用下，竟然從國高中物理變成玄之又玄的奇妙現象萬用解釋，以至於當新聞媒體真要報導一則跟磁場有關的科學發現時，也難以逃脫誇大跟渲染。

科學家為了研究跟監測大屯火山活動，透過在不同地點設置磁力儀，比對數據。地震跟火山活動與磁場之間的變化關係還不明，磁力儀偵測到的訊號來源也太多，捷運地鐵可能是其中一個，科學家也因此發現跨年加開的多班捷運班次讓偵測的結果產生了差異，但媒體卻把「捷運影響地球磁場觀測結果」變成「跨年捷運改變地球磁場」，這差別好比「看到大便，我大吃一驚」跟「我大吃一斤大便」啊！

在數位時代，媒體在時間壓力、缺乏專業、與點閱跟收視率要求下，成為科學傳播的阻力而非助力，案例層出不窮，但身為觀眾跟讀者的我們，若只是有得看就看、然後等別人指出媒體的錯誤再跟著批評，而不主動提高自己的科學思辨能力，如此很容易在不知不覺中淪為「酸民」，可別掉入這陷阱啊！

外星人新聞釀成雙重災難

2011/04/15 原發表於中國時報時論廣場，
後又刊載於泛科學網站 https://pansci.asia/archives/2556

文／黃俊儒

不知從什麼時候，臺灣媒體的談話性節目開始喜歡談外星人。直到最近一則有關「美國 **FBI** 外星人資料解密」的新聞曝光後，這一股外星熱幾乎被推到了最高峰。

外星人是不是真的？有沒有人目睹飛碟爆炸？美國 **FBI** 是不是隱匿了許多真相？這些或許是許多媒體、商人或是浮誇名嘴所關心的議題，但是這整個事件對於臺灣社會的重要性，卻一點都不在這些問題上。

這一次有關「外星人存在」的新聞，其實相關的傳言過去早已在網路及各種媒介中流傳許久。而最近會變成「新聞」，也不過是因為 **FBI** 在新營運的資料網站上，公布了一份當時的特工經由他人「轉述」所得到的短短兩頁報告文件。這些文件中，並沒有任何第一手資料足以證明此事的「直接證據」，只是經由英國八卦小報《每日郵報》披露後，被臺灣部分媒體瘋狂轉載，甚至有報紙將它做成頭版頭條。不過有趣的是，這麼「重要」的新聞，卻不見於《紐約時報》、《英國衛報》、**BBC** 等具公信力媒體。

如果深入檢視這一系列報導的原委，可以發現 **FBI** 的原始文件其實並沒有什麼明顯的訴求或結論，經過《每日郵報》處理後，他們將標題訂為：「**FBI** 的祕密檔案指出警察及軍方人員如何看見幽浮在猶他州上空爆炸」，但是經臺灣媒體轉載編譯後，標題卻變成：「外星人訪地球 **FBI** 備忘錄證實為真」。這樣的落差正好體現出臺灣在面對這種「進口」的科學新聞時，最容易出現的「雙重災難」（**double disaster**）。

這裡的第一重災難，指的是國外的一些八卦小報對於科學訊息的過度渲染。他們最常見的作法就是從眾多的科學研究期刊中，找尋一些較具爭議性或是話題性的研究主題，之後透過標題及內容上的再加工，賣力演繹出能引起興趣並有商業賣點的新聞，有時必然需要犧牲掉某些科學上的真確性。

對我們來說，較不堪的是，我們會在這個基礎上再承受第二重的災難。原因是國內媒體的從業人員多不具科學背景，因此常得透過買辦的方式從國外輸入科學新聞。在人力精簡的狀況下，天天被截稿壓力逼緊的記者，也多僅能從國外媒體現成的報導中去編譯科學新聞，鮮少會再檢閱原始研究資料的妥適性。也因此新聞內涵會出現一些異常的演化，例如，原始標題為「女性理想的腰臀比例，活化男性神經回饋中樞」的研究，經《每日郵報》報導後變成「觀看曲線優美的女性，可以帶給男性如同烈酒或藥物般的興奮感」；一到臺灣之後，這一則新聞就成為「看豐滿女人，男人如喝酒嗑藥」。這樣的新聞再被電子媒體補上一些「重鹹」的畫面後，就成為我們的「科技新知」，也同時是「第二重災難」。

在臺灣的媒體概況中，科學及科技的議題向來不是媒體所精熟及青睞的對象。

然而媒體卻又需要透過這類型的新聞來妝點門面、增加專業感及時代感。因此，就不難想像為何這種價格低廉的「科學新聞舶來品」會充斥市面，成為臺灣科學新聞的主流。

近年來社會上發生諸多科技發展的爭議，包括核能發電、國光石化、高鐵地層下陷等，這些都是牽涉複雜公共事務的科技議題，需要更多人民的關心。這些問題的根本解決，常常需要仰賴民眾在具備好的科學素養後，所能夠形成的集體公民意識。而「科學新聞」在某種程度上，正是引導民眾養成這些基本素養的重要媒介，只是我們還在這原本該十萬火急的議題上虛耗。

企盼有一天，我們的閱聽人願意理智的拒絕這些光怪陸離的科學新聞，我們的媒體人願意成為真正的「守門人」，協助公眾管控及監督科技的公共議題。也或許只有這一天，我們才有機會真正擺脫這種「雙重災難式」的凌遲。

假掰科青的實驗室

想當名嘴暢談外星人嗎？我這有一份祕訣……

文／鄭國威

1950 年代，物理學家費米提出了知名的費米悖論（Fermi paradox），他質問：以宇宙的歷史之長跟幅員之廣，我們為何沒見過外星生命？他們為何不來造訪？難道我們地球、人類真是宇宙中僅有的存在？還是高等外星生命根本不屑一顧？又或是所有曾經存在的高等外星生命，在發展出宇宙探索能力之前，都已經讓行星資源耗竭，文明崩潰，就像我們現在正在面臨的一樣……

探索外星生命是科學界的重點方向，然而「外星人在地球的蹤跡被政府祕密隱藏」的陰謀論卻掩蓋了科學家的努力。這類陰謀論已成為不知道多少部科幻小說、電影的元素，例如《MIB 星際戰警》、《變形金剛》，就算你沒當真，腦中也早已種下想望外星世界與外星生命的種子。外星人陰謀論就是利用了「這資料看起來像是真的」跟「我希望那是真的」、「政府跟大企業本來就常常隱瞞事實」的三重認知，讓確認偏誤帶領我們走向反知識、反事實的岔路。

而汲取閱聽人激昂情緒與好奇心為生的新聞媒體，跨界學習科幻電影，追求娛樂價值，更利用了科學的新奇感跟專業感，久而久之反而傷害了政府、科學與媒體自己的公信力。部分名嘴跟媒體不珍惜自己的影響力，我們可別不珍惜自己的注意力。

更多相關資訊可參考：異星知識王 https://pansci.asia/camp/asiaa/index/

為什麼比起數據，人們更容易相信個案？

2018/10/11 原刊載於泛科學網站 https://pansci.asia/archives/146851

文／蔡宇哲

社會中總會有許多來來去去的科學議題，從基改、食安到能源議題，每一個都能看到正反兩方戰到天荒地老。一方總是主要訴諸理性／科學／數據，另一方則是走感性／案例／經驗的路線。

這類的爭議總是來來去去，理性方每每準備好詳盡的數據與論述來回應，感性方則是以打動人心的故事來說服大眾。一兩則個案並不能代表什麼，大範圍的抽樣才有可信度啊。很多理性方的人不懂，明明證據都擺在眼前，為何就是有那麼多人不願意接受。

在指責他人沒知識或不理性之前，或許可以先了解一些心理學，知己知彼才能百戰百勝。直接講結論就是，人天生傾向於接受個案而不是數據。

不管數據說什麼，個案就是能說服你

有個實驗很有意思，研究找了三百一十七位大學生，聲稱研發了一個新藥，要請他們評估願不願意使用這個藥物。告知方法會說明這個藥物的成功率經臨床測試的成功率是多少（分為九十％、七十％、五十％、三十％），同時也會講一位個案接受藥物後的情況，個案情況有成功、失敗也有不確定的。個案的說明內容大致如下：

一、個案情況良好：小強使用這個藥物後成效良好，病毒都被清除了，醫師認為病情不會再復發。治療完一個月後情況良好。

二、個案情況不佳：小強使用這個藥物後成效不好，病毒並沒有完全被清除，醫師認為病情還在持續。治療完一個月後小強失明了且失去行走的能力。

三、個案情況不確定：小強不確定使用藥物的選擇是不是對的，醫生也無法確定病毒是否都被清除了，同時也不肯定病情是否還會持續。治療完一個月後小強的情況時好時壞。

每位都會閱讀到關於此藥物的成功率以及一位個案使用的情況。為了避免先後順序的影響，有一半的人會先被告知成功率後再知道個案，另一半的人則相反。理論上要不要服藥應該著重於藥物的成功率，畢竟這是經過臨床驗證來的，個案因為只有一個很難做得準。

但是結果發現：

同樣是告知有九十%成功率的藥物，後面加上失敗的案例的話，人們接受的程度就會由八十八%銳減為三十九%，相當驚人的差異。而更有意思的是，同樣是告知成功率只有三十%，若加上一個失敗的案例，那麼接受程度只有七%，但若是加上成功案例的話，接受程度會爆增到七十八%！

我把兩個比較極端的例子獨立出來：

九十％成功率＋失敗案例＝三十九％接受度

三十％成功率＋成功案例＝七十八％接受度

看到下圖數據就知道，個案的成功與否影響接受度非常大啊！幾乎是只要有成功個案就很容易接受、個案失敗就很難接受。

為什麼會這樣呢？我們來假想一個情況：

如果要你對一個不識字、不懂統計學概念的人談這件事，是講個案比較容易，還是讓他理解數據比較容易？

當然是前者。可以這樣說，幾乎是每人都能理解他人的經歷，這或許是生物的其一本能。然而對數據的解讀與理解，卻是需要後天的學習，例如沒學過統計學就無法理解「薪資平均數並不

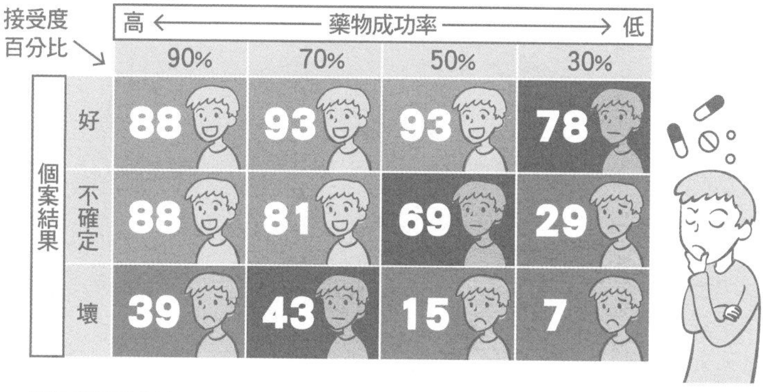

接受度百分比	藥物成功率 高 ←————————→ 低			
	90%	70%	50%	30%
個案結果 好	88	93	93	78
不確定	88	81	69	29
壞	39	43	15	7

藥物接受百分比

是指一半的人有這樣的收入」。所以說，「理解個案」比「理解數據」更快也更容易。

別讓天性騙了你：透過學習成為有理性的人

常看到的推銷、電視購物、廣告，就很常訴諸這種個案效果，不需要名人，只要找出一兩位個案站出來，說他用了這個產品多久就產生神奇的效果。對產品有疑慮的人一看了成功個案後，很容易就被說服而購買，這也是消費心理學的絕妙手法之一。

所以在網路、電視購物看到某個產品有多厲害，要打電話或刷卡之前，請先想想：這效果是個案還是大部分人都會有用呢？千萬別因個案就以為自己也適用。也請記得廠商肯定有高人指點，知道透過成功的個案比較容易讓人接受產品，因此你可千萬別上當啊！

另外，若是要說服人，身為理性的一方，就該了解到要說服大眾光端出數據肯定是不夠的，得要雙管齊下、理性與感性同時並進，才能獲得最佳效果。

那麼，既然人生來就有不理性的決策，是不是就沒救了呢？對心理學家而言，辭典裡是沒有「沒救」這兩個字的。固然天性影響行為甚大，但後天學習才是決定人最終將會是什麼姿態的關鍵。

也因為如此，我們必須對科學素養的培養非常在意又認真，因為唯有透過後天學習來增強理性，才能夠儘量做出相對合理的決策，才有資格自稱為理性的人。

原研究出處：
Freymuth, A. K., & Ronan, G. F. (2004). Modeling patient decision-making: the role of base-rate and anecdotal information. *Journal of Clinical Psychology in Medical Settings, 11*(3), 211-216.

假掰科青的實驗室

數據的確會騙人，但騙人的不只是數據

文／鄭國威

俗話說「一朝被蛇咬，十年怕草繩」，但草繩何辜？而且一直耗費心神，大驚小怪的把草繩當成蛇來防備，不也是很浪費能量嗎？

對被蛇咬過、受過創傷的人解釋「其實被蛇咬的機率很低，比起人怕蛇，蛇更怕人」，大概沒什麼用，因為比起統計數據，實際的案例，特別是親身經歷，更能左右人們的態度與抉擇。這在行銷上也常派上用場，例如親朋好友的推薦，就是比起漫天廣告更有說服力。

對大多數人來說，在腦海裡理解機率與統計數字，並且從都是數字的複雜表格裡，偵測到隱微的模式，的確有困難。我們的大腦偏好生動的圖片、影像及故事。在做決定時，與統計資訊相比，我們也往往過度重視這類圖像和故事，也常常誤解圖表或做出錯誤的詮釋。

但正因為這樣，也有人反過來利用人們抗拒機率與大數字的弱點。這些想騙你的人並不期望你認真看待數字，你對數字越無感，對他們越有利。他們愛拿數字來說話，只因為他們知道絕大多數人都不會認真看，或是掉進「有數字就是理性」的陷阱。因此，看到故事、圖片跟影像，我們要冷靜，看到數字跟圖表，我們反而要提高注意力。

我們容易受騙，是因為大腦漏洞百出

2015/05/16 原刊載於泛科學網站 https://pansci.asia/archives/79292
文／謝伯讓

生活之中充滿各種訊息，包括光線、聲音、氣息、味道以及身體接觸等，這些資訊，都必須先經過大腦處理後，才能被我們所用。在面對各種訊息的轟炸之下，大腦拚命完成了任務，也因此，我們才得以感知世界、理解世界，並針對世界中的資訊做出適切的行為反應。

但是，羅馬並非一日而成，大腦也一樣。今日的人類大腦，是在演化的過程中慢慢一點一滴的修正錯誤後才成型的。雖然大腦已經功能強大，但它絕非不會犯錯。畢竟，演化的過程只選擇出了「足以幫助生物體贏得競爭或繁衍的大腦」，而尚未選擇出「永不犯錯的完美大腦」。

事實上，在殘酷的演化過程中，大腦為了幫助我們在瞬息萬變的野性世界存活，時常會選擇犧牲「正確性」來換取「速度」。

而且如果我們仔細檢驗的話，就會發現大腦根本就是漏洞百出。大腦時常會錯誤的處理周遭資訊，導致我們被各種資訊欺騙。不過，由於這些錯誤多半不會影響到即刻的生死存亡（要不然我們早已在演化的過程中被淘汰），人們大多覺得這些小錯誤無關痛癢，很多時候，我們甚至察覺不到自己已經被騙。

更糟的是，到了二十一世紀的數位時代，資訊量以前所未見的速度狂增猛漲，並且時常以網路和電子科技的數位方式出現在生活之中。數位化的資訊格式，讓人們可以更精巧的改變其中的各種參數，以做出各種多采多姿的呈現方式。在簡單的把玩與實際操作之後，許多天生的心理學高手（商人、推銷員以及詐騙集團），很快就發現人類大腦的缺陷，並開始巧妙的操弄各種生活中的資訊以製造騙局，而我們也經常落入這些陷阱之中。

在揭露各種生活騙局之前，我們先一起來看看人們容易受騙的三個根本原因。

其中，第一個原因就是，我們其實是活在大腦創造的虛擬世界中。

我們容易受騙的根源一：其實你活在大腦創造的虛擬世界中

如果我問大家一個問題：「當我們在看世界時，我們是真的『直接』看到了世界，或只是『間接』看到了世界呢？」

很多人可能都會認為，我們當然是直接看到了世界，哪來的間接呢？

但事實上，我們只是間接看到了世界。我們的各種感覺或知覺經驗，其實完全是大腦的產物。很多人以為，當我們看到、聽到、聞到、嚐到或摸到東西時，就是真實的在「接觸」外在世界的真實事物。然而，這並非事實。我們真正「接觸」到的，只是大腦對這個世界的「表徵」。我們的感官在接收到外在世界的能量和資訊後，會產生電生理變化。這些電生理訊息接著傳入大腦，大腦對這些電生理訊號做出詮釋之後，重新創造出一個類似外在世界的「虛擬世界」。我們的感知經驗，就是這個虛擬世界。

不相信嗎？請大家一起來看看圖一。請凝視圖一中央十字交叉點的中心，儘量不要移動眼睛。在心中默數十秒之後，再把視線轉移到圖二的中央十字交叉點。

看到了嗎？當大家把視線轉移到圖二時，是不是看到了顏色？是不是看到與圖一完全互補的顏色？原本在圖一中是紅色的位置，到了圖二變成了綠色；原本在圖一中是藍色的位置，在圖二中變成了黃色。但是，圖二的真實狀態其實根本毫無顏色！

這個現象，叫做後像（afterimage）。這個有趣的現象，清楚呈現出一個事實，就是即使外在世

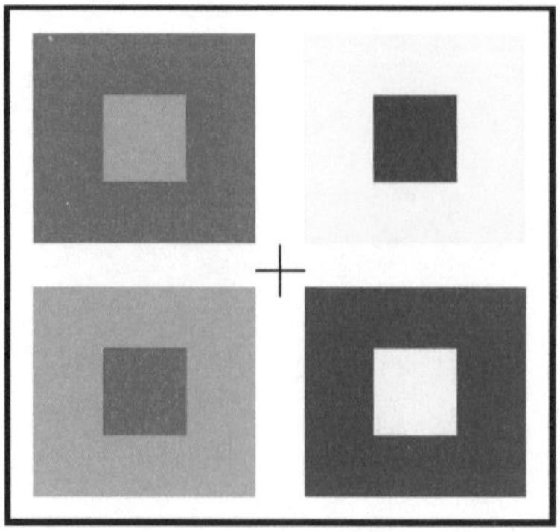

圖一

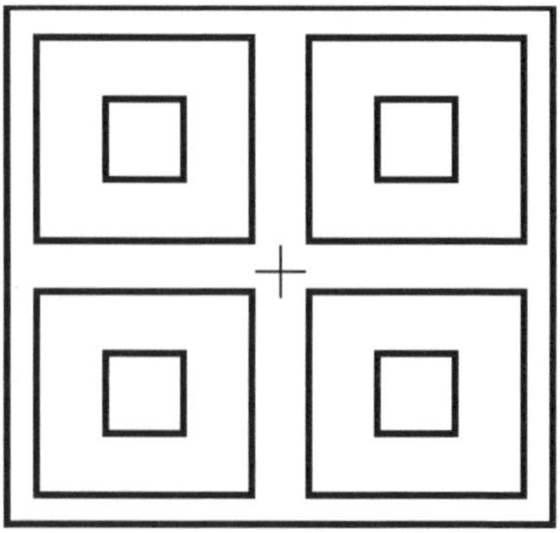

圖二

界中不存在任何可以誘發色彩知覺的刺激物時（例如圖二），大腦仍然可以創造出顏色。

雖然說，腦中每一種色彩知覺都可以對應到世界之中的某個特定波長的光波，但是，即使世界之中的光波暫時消失時，大腦也可以憑空創造出色彩知覺。由此可知，顏色完全是大腦創造出來的感覺，它只存於大腦之中，而不在外在世界之中。

色彩知覺是大腦的產物，其他各種知覺亦然！

我們所有的知覺經驗，其實都是大腦的產物。大腦透過感官，把外在世界的能量和訊號轉變成電生理訊號，接著這些電生理訊號再被轉化成知覺意識。而我們所經驗到的，就是這些由大腦產生的知覺意識。

資訊進入大腦產生經驗意識，就好比光線被鏡頭捕捉下來後，再重新形成影像呈現在電子螢幕上一樣。我們的知覺，就像是螢幕上的畫面。它們是對外在世界的一種「表徵」，雖然這個「表徵」和外在世界有很大的相似性，但是它並不「等同」於外在世界。我們的知覺意識，就只是這些二手的「表徵」。

因此，我們只是「間接」看到了世界。我們看到的，是大腦對外在世界的「表徵」或「詮釋」，而不是真實的外在世界。

換言之，我們的知覺意識，完全是大腦創造出來的虛擬「摹本」。而大腦在創造出虛擬「摹本」時，雖然模仿得唯妙唯肖，卻仍常會出現一些小錯誤。大腦中的這些小錯誤出現時，就會產生「錯覺」。這也就是為什麼我們容易受騙的第一個原因。

我們容易受騙的根源二：各種捷思幫倒忙

在演化的過程中，大腦竭盡所能的製造出非常接近於真實世界的虛擬知覺，好讓我們可以順利存活於世界之中。但是，為了應對瞬息萬變的野性世界，大腦時常得選擇犧牲少許的「正確性」來換取「速度」。而一旦犧牲了「正確性」，大腦就注定會容易受騙。

大腦是如何犧牲少許「正確性」來換取「速度」呢？就是透過「捷思」。

捷思是一種大腦為了求快而建立出來的計算捷徑。透過某些事先建立好的預設，大腦可以節省許多資源，例如，大腦預設人臉一定是突出來的，而不可能是凹進去的。另外，大腦也預設了周遭物體本身的顏色通常不會任意改變（會改變的通常是光源的明暗和顏色）。這些捷思之所以會成為捷思，是因為上述這些事物的特質（例如人臉的凸出性）在「大部分」的狀態下都是恆定的，因此在演化的過程中，它們已經被寫入了大腦的預設值之中。

但是我們要記住，這些事物的特質畢竟只有在「大部分」的狀態下恆定，在一些偶然的情況下，有時候也會出現和上述特質完全相反的事物。當這些狀態出現時，大腦就會出錯。

捷思幫倒忙例一：凸臉錯覺

例如，透過人造面具，我們可以做出內凹的臉孔。當一張內凹的臉孔出現在我們眼前時，大腦中預設「人臉一定外凸」的捷思開始作祟，結果就是，我們不由自主的把內凹的人臉也看成外凸了（如下圖）這是一張凹進去的面具，看起來是不是很像凸出來的臉呢？

因此，大腦其實是聰明反被聰明誤。當初大腦預設了這條捷思，可能是為了要節省資源，或幫助我們快速辨識出人臉。畢竟，根據經驗，世界上所有的人臉都是凸出的，如果腦中可以建立一條「臉都是外凸」的捷思，那麼以後在處理人臉資訊時就可以更快速。

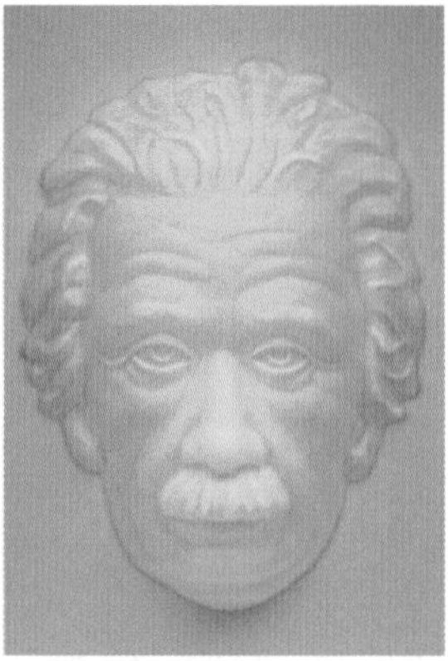
內凹的人臉

這一類的捷思，都是運作快速且非常強大的基本假設。它可以幫助我們快速判讀世界中的資訊。只可惜，大腦怎麼都沒料到自己竟然犯了一個錯誤，就是在現代的世界中，竟然出現了許多人造的非自然事物。例如，大腦就沒料到自己會演化出製作模型的技巧，沒料到世界中竟然會出現內凹的人臉模型。因此，當內凹的人臉模型出現在眼前時，大腦就被騙啦！

捷思幫倒忙例二：洋裝顏色爭議事件

二〇一五年二月二十八日的前夕，一件洋裝襲捲國內外各大網路。各國網友們，無一不被一件洋裝的顏色給逼瘋。此「洋裝顏色爭議」事件，其實也是大腦捷思作祟所致。這次的始作俑者，是「色彩恆常性」這項捷思。

「色彩恆常性」這項捷思的由來，是因為根據經驗，環境中的光源時常會出現改變，例如白天會有強光、夕陽微紅、傍晚則昏暗等，但是相對來說，物體本身吸收光線和反射光線的特質則不會隨意變化。因此，當物體表面反射出來的光線改變時，大部分都是因為外在的光源變化所致。所以，當大腦在詮釋物體本身的顏色時，就會設法自動過濾掉光源的影響。比方說，一隻身披白毛的狗通常不會無緣無故就變成紅毛狗，如果白狗突然間看起來變成紅色，那八成是周遭的光線變紅所致。

有鑑於此，大腦時常會進行「自動白平衡」，幫我們過濾掉周遭光源的影響。也就是說，只要給大腦足夠的環境資訊，例如背景光源、其他周遭物品的相對顏色，大腦就會自動做出白平衡，讓你可以感受到物體的原本顏色。

在洋裝事件中，有些人會看見白金色，有些人會看見藍黑色，兩者其實沒有誰對誰錯。這個現象，是因為這件衣服在照片上所呈現出來的反射亮度（如圖A），有可能是來自於兩種狀態。第一種：這是一件處於陰影中的白金衣服（如圖B）。第二種：這是一件日照下的藍黑色衣服（如圖C）。

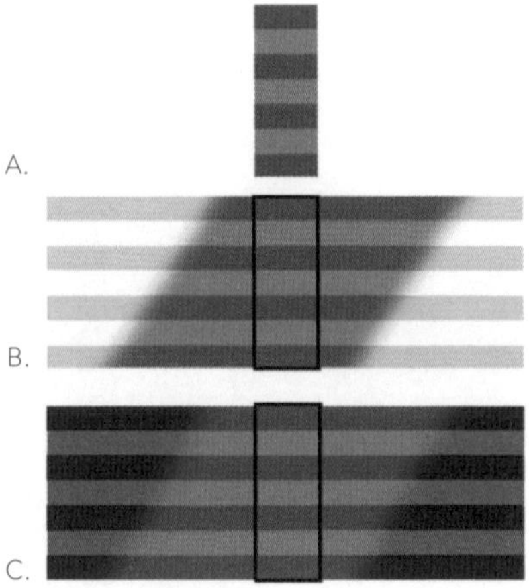

洋裝事件示意圖

大腦在判斷顏色時，選擇了上述兩種可能中的其中一種。當大腦中的「自動白平衡」機制選擇過濾掉日照時，就會看到藍黑衣。相反的，當大腦中的「自動白平衡」機制選擇過濾掉陰影時，就會看到白金衣。

總而言之，在很多大腦出錯的例子中，都是捷思幫了倒忙所致。而且，捷思的力量通常都很強大，任你怎麼透過意志力來矯正，也是惘然。這種無法透過意志力進行矯正的現象，叫做「認知不可穿透性」（cognitive impenetrability），也就是「憑藉意志也無法改變其結果」的意思。

仔細想想，這還真是無奈。大腦一直努力不懈的在找尋世界中的規則，並且會在找到規則後幫我們建立捷思。捷思建立的越多，我們就能夠騰出越多的腦力來面對其他更重要的不規則突發事物。但是，做任何事都有風險，有時候，剛好就是會出現捷思無法派上用場的反例，這時候，大腦就會出錯，我們也會因此受騙。

我們容易受騙的根源三：無意識資訊處理歷程出現漏洞

大腦容易受騙或出錯的第三個原因，就是因為無意識資訊處理歷程出現漏洞。大腦中的電生理訊號在被轉化成知覺意識之前，必須先經歷一連串的無意識訊息處理歷程。我們之前把意識經驗比喻成電視螢幕上的畫面，現在我們再來試試看另一個比喻，就是電腦的螢幕畫面。

我們在電腦螢幕上看到的東西，只是電腦主機處理的一小部分。電腦主機在背後正在處理的許多資訊，例如記憶體的使用量、硬碟的轉速、網路的流量等，都不會呈現在電腦螢幕上。同樣的，大腦也是如此。我們所意識到的內容，只是腦中資訊的一小部分，大腦中有許多資訊，例如神經傳導物質釋出突觸、電子訊號在髓鞘之間跳躍等過程，也完全不會出現在意識內容之中。

大腦不讓我們意識到這些龐雜的資訊處理歷程，其實是有原因的。因為，如果把所有的資訊處理歷程全部呈現到意識之中，我們將會被資訊給淹沒。因此，大腦選擇只讓我們意識到那些最重要的資訊。

但是，任何選擇都有代價。當我們無法意識到這些龐大的無意識資訊處理歷程時，它們也就開了一個後門，變成了大腦的漏洞。許多資訊時常會在我們不知不覺的情況下，滲入無意識資訊處理的歷程中，並因此偷偷影響我們的行為。

說了這麼多，對於自己偶爾被騙，是不是能稍感安慰了呢？

假掰科青的實驗室

大腦是個好東西，但也可以壞給你看

文／鄭國威

人類擁有強大的模式感知能力，舉例來說，我們很擅長「看臉」，能在牆壁上、煙塵中，或是吃到一半的吳郭魚肉上看見人臉。這不是什麼傳奇鬼故事，而是人類這種社群動物演化出的本能，只要越能快速辨識敵我，就越具有生存優勢。

我們也很擅長根據事情發生的時序來找出「因為……所以……」，並能想像虛構的事物。古代人類無法理解世事無常，也難以用科學解釋過於複雜、反直覺的現象，於是想像出精靈、神明、鬼怪來填補故事的漏洞，例如旱災是因為龍神發怒，所以要獻祭。即使到了現在，我們也還是一樣，例如我以前總是覺得自己很衰，只要我打開電視看球賽轉播，自己支持的隊伍都會輸。

然而，太過強大的因果辨識產生了「因果錯覺」，許多時候我們感知到的因果模式（例如因為我很衰才輸球），根本就不存在。大腦能力雖強，但漏洞百出，在遠古時代，這些設定能讓人類祖先快速求得解答，幫助他們存活，如今天擇壓力消失，演化來不及改善的設定，卻讓我們在更快速的資訊社會中摔得滿頭包。

大腦的漏洞難補，不過就像走在路上，只要我們從現在起知道哪裡有洞，就不會老是踏進去。

企畫源起

成長與學習必備的元氣晨讀

親子天下執行長 何琦瑜

源於日本的晨讀活動

一九八八年，身為日本普通高職體育老師的大塚笑子。在她擔任導師時，看到一群在學習中遇到挫折、失去學習動機的高職生，每天在學校散漫恍神、勉強度日，快畢業時，才發現自己沒有一技之長。出外求職填履歷表，「興趣」和「專長」欄只能一片空白。許多焦慮的高三畢業生回頭向老師求助，大塚笑子鼓勵他們，可以填寫「閱讀」和「運動」兩項興趣。因為有運動習慣的人，讓人覺得開朗、健康、有毅力；有閱讀習慣的人，就代表有終身學習的能力。

但學生們還是很困擾，因為他們根本沒有什麼值得記憶的美好閱讀經驗，深怕面試的老闆細問：那你喜歡讀什麼書啊？大塚老師於是決定，在高職班上推動晨讀。概念和做法都很簡單：每天早上十分鐘，持續一週不間斷，讓學生讀自己喜歡的書。一開始，為了吸引學生，她會找劇團朋友朗讀名家作品，每週一次介紹好的文學作家故事，引領學生逐漸進入閱讀的桃花源。

沒想到不間斷的晨讀發揮了神奇的效果：散漫喧鬧的學生安靜了下來，他們上課比以前更容易專心，考試的成績也大幅提升了。這樣的晨讀運動透過大塚老師的熱情，一傳十、十傳百，最後全日本有兩萬五千所學校全面推行。正式統計發現，日本中小學生平均閱讀的課外書本數逐年增加，各方一致歸功於大塚老師和「晨讀十分鐘」運動。

臺灣吹起晨讀風

二〇〇七年，《親子天下》出版了《晨讀10分鐘》一書，書中分享了韓國推動晨讀運動的高果效，以及七十八種晨讀推動策略。同一時間，天下雜誌國際閱讀論壇也邀請了大塚老師來臺灣演講、分享經驗，獲得極大的迴響。

受到晨讀運動感染的我，一廂情願的想到兒子的學校帶晨讀。選擇素材的過程中，卻發現適合十分鐘閱讀的文本並不好找。面對年紀越大的少年讀者，好文本的找尋愈加困難。對於剛開始進入晨讀，沒有長篇閱讀習慣的學生，的確需要一些短篇的散文或故事，讓少年讀者每一天閱讀都有盡興的成就感。而且這些短篇文字絕不能像教科書般無聊，也不能總是停留在淺薄的報紙新聞，才能讓這些新手讀者像上癮般養成習慣。如果幸運的遇到熱愛閱讀的老師和家長，一些有足夠深度的文本還能引起師生、親子之間，餘韻猶存的討論。

我的晨讀媽媽計畫並沒有成功，但這樣的經驗激發出【晨讀10分鐘】系列的企畫。在當今升學壓力下，許多中學生每天早上到學校，迎接他的是考不完的測驗卷。我們希望用晨讀打破中學早晨窒悶的考試氛圍。每日定時定量的閱讀，不僅是要讓學習力加分，更重要的是讓心靈茁壯、成長。在學校，晨讀就像在吃「學習的早餐」，為一天的學習熱身醒腦；在家裡，不一定是早晨，任何時段，每天不間斷、固定的家庭閱讀時間，也會為全家累積生命中最豐美的回憶。

第一個專為晨讀活動設計的系列

帶著這樣的心願，二〇一〇年，我們開創了【晨讀10分鐘】系列，邀請知名的作家、選編人，陸續推出：知名文學作家張曼娟老師選編《成長故事集》、文學大師廖玉蕙老師所主編的《幽默故事集》和《親情故事集》、兒童文學作家王文華老師選編《人物故事集》、鑽研少年小說的張子樟教授選編《文學大師短篇作品選》、音樂才子方文山先生選編《愛．情故事集》、文學評論和政論家楊照先生選編《世紀之聲演講文集》、《天下雜誌》群總編集長殷允芃女士選編《放眼天下勵志文選》、自然觀察旅遊作家劉克襄先生選編《挑戰極限探險故事》、閱讀專家柯華葳教授選編的《論情說理說明文選》、詩人楊佳嫻與鯨向海選編的《青春無敵早點詩：中學生新詩選》、閱讀專家鄭圓鈴教授主編的《閱讀素養一本通》、臺灣最熱血的大學教授葉丙成選編的《我的成功，我決定》、品學堂創辦人黃國珍選編的

《你的獨特，我看見》，以及關心運動與社會議題的獨立媒體人黃哲斌選編的《運動故事集》，提供給中學生更豐富的閱讀素材。

二〇一九年，一〇八課綱正式上路，課程設計和評量都將以「素養」導向進行調整，將來的學生不僅要學習知能，更要為適應現在生活、面對未來挑戰，培養解決各種問題的能力。為此，我們推出了《世界和你想的不一樣》、《科學和你想的不一樣》二書，《世界和你想的不一樣》的選編人褚士瑩，長時間在國際參與NGO工作，帶回許多新穎、發人省思的議題；而《科學和你想的不一樣》的選編人「泛科學」，以生活化的題材解析艱澀的科學理論，選文不僅符合閱讀素養中強調的「跨領域」、「文本生活化」，更能在資訊超載的時代，為少年讀者提前預備「思辨」的能力。

延續「素養」的精神，這次我們特別邀請《閱讀理解》學習誌的編輯團隊，為兩本書量身設計《閱讀素養題本》。這也是【晨讀10分鐘】系列成立以來，首次嘗試題本的設計，用意不在於測試孩子讀懂多少，而是要用系統化的方式，帶領孩子理解文本，並融合自身經驗深入探究，才能真正達到吸收內化的目的。

推動晨讀的願景

在日本掀起晨讀奇蹟的大塚老師，在臺灣演講時分享：「對我來說，不管學生在哪個人生階段……，我都希望他們可以透過閱讀，讓心靈得到成長，不管遇到什麼情況，都能勇往直前，這就是我的晨讀運動，我的最終理想。」

這也是【晨讀10分鐘】這個系列出版的最終心願。

推薦序

我們與科學的距離

文／童師薇（臺中市大墩國中生物科兼教育部閱讀推動教師）

根據一項針對「國中生科普讀物閱讀行為之研究」顯示，國中生閱讀科普讀物頻率偏低。

曾經，在一場科普閱讀研習中詢問老師：「平時會主動閱讀科普讀物嗎？」結果現場近百位教師只有不到五位舉手。

是什麼原因造成學生或老師都不愛閱讀科普呢？

我們試著拿起中學教科書會發現，在科學的發明演進史中，人類觀察研究自然界各種現象與變化，巧妙的運用科學來解決問題、適應環境及改善生活。於是乎，科學在文明演進過程中持續累積，成為人類文化中重要的內涵。但教科書裡只告訴我們最後的結論，真正精采的背後探索過程卻被忽略了。教師為了「有效」傳播前人的知識和經驗，往往以條列式、表格式的精簡定義或公式作為教學主要內容，碎片式的科學知識讓學生習慣快捷的應付考試獲取分數，卻也漸漸帶領我們「遠離」科學！

科普閱讀當然不只是為了解題與升學，科學學習應當從激發學生對科學的好奇心與主動學習的意願為起點。如同十二年國民教育自然科學領域核心素養所強調：提供學生探究學習、問題解決的機會並養成相關知能的「探究能力」；協助學生了解科學知識產生方式和養成應用科學思考與探究習慣的「科學的態度與本質」；引導學生學習科學知識的「核心概念」。

很開心看到親子天下出版《晨讀10分鐘：科學和你想的不一樣》，這本由泛科學選文的書籍，有別於傳統的教科書，充滿科學性、知識性、趣味性與通俗性，在詞彙難易度、背景知識亦符合中學生的先備知識與學科概念，二十篇引人入勝的科普文章從「科學觀察」、「科學問題」、「科學解釋」、「科學思辨」等四大面向，一步步引導我們從閱讀中探索科學，而文末所附的參考資料更可讓有興趣的讀者自行延伸閱讀或檢證。更特別是結合生活情境與脈絡「假掰科青的實驗室」，極具巧思的引導讀者主動觀察周遭人、事、物及環境，從中探索現象、尋求關係、解決問題，將所學內容轉化為實踐性的知識，並落實於生活中。

作為一位長期推動科普閱讀的自然科學教師，我常常鼓勵學生延伸閱讀科普書籍、報章、期刊、視聽媒體和數位資源，以提升對於自然科學的理解，並建立發現問題、獨立自主、深度討論及在生活中應用的能力。此外，我也透過不同的機會，鼓勵教師在教學時運用多元的「科學文本」作為學生學習科學探究、科學推理以及科學論證的資訊，活用教學活動與教學策略，教導學生學會有效的閱讀理解策略，包括：學科詞彙、摘要、推論、圖像組織、文本結構分析、自我提問、理解監控等，並使學生能運用科學的「技巧」，嘗試思考相關「假設」、「證據」與「結論」，成為一位主動閱讀者，如科學家般閱讀。

《晨讀10分鐘：科學和你想的不一樣》是一本有效教育中學生科學概念、科學知識與科學原理的作品，閱讀此書能激發讀者好奇心、辨識科學問題、理性客觀、尊重證據，形塑應用科學思考的習慣與態度。

真心期待，透過這本書，縮短我們與科學的距離。

晨讀10分鐘系列 034

[中學生]晨讀10分鐘 科學和你想的不一樣

選編人｜PanSci 泛科學
文章作者｜李鍾旻、吳培安、歐柏昇等
封面插畫｜林韋達
內頁插畫｜瓜喵
美術設計｜謝捲子

責任編輯｜張玉蓉
行銷企劃｜葉怡伶

天下雜誌群創辦人｜殷允芃
董事長兼執行長｜何琦瑜
媒體暨產品事業群
總經理｜游玉雪
副總經理｜林彥傑　總編輯｜林欣靜
行銷總監｜林育菁　副總監｜李幼婷
版權主任｜何晨瑋、黃微真

出版者｜親子天下股份有限公司
地址｜台北市104建國北路一段96號4樓
電話｜(02)2509-2800　傳真｜(02)2509-2462
網址｜www.parenting.com.tw
讀者服務專線｜(02)2662-0332　週一～週五：09:00~17:30
讀者服務傳真｜(02)2662-6048　客服信箱｜parenting@cw.com.tw
法律顧問｜台英國際商務法律事務所．羅明通律師
製版印刷｜中原造像股份有限公司
總經銷｜大和圖書有限公司　電話：(02)8990-2588

出版日期｜2019年 6 月第一版第一次印行
2024年 6 月第一版第十一次印行
定價｜320元
書號｜BKKCI008P
ISBN｜978-957-503-433-7(平裝)

訂購服務
親子天下 Shopping｜shopping.parenting.com.tw
海外・大量訂購｜parenting@cw.com.tw
書香花園｜台北市建國北路二段6巷11號　電話 (02)2506-1635
劃撥帳號｜50331356　親子天下股份有限公司

國家圖書館出版品預行編目(CIP)資料

中學生晨讀10分鐘：科學和你想的不一樣 / 李鍾旻等作；泛科學選編. -- 第一版. -- 臺北市：親子天下, 2019.06
240面；14.8x21公分. -- (晨讀10分鐘系列；34)
ISBN 978-957-503-433-7(平裝)

1.科學 2.通俗作品

307.9　　108007928

照片來源：
P.22、P.23、P.24、P.25、P.26、P.27、P.28、P.29、P.30、P.31 李鍾旻攝影與提供；P.45 陳麒瑞攝影與提供；P.65 shutterstock提供；P.224、P.226 謝伯讓提供

文／品學堂創辦人、《閱讀理解》學習誌總編輯　**黃國珍**

理解看似科學的觀察和報導，本身可能就是一個待釐清，需要再學習的判斷。

而要給予下一代什麼內容，才能讓他們具備理解文本、學習判斷的能力？我認為閱讀理解和素養，是最重要的學習。過去一篇網路報導提出養成閱讀理解與素養的幾點建議，像是「大量閱讀」、「培養閱讀習慣」等。這些你我早就熟悉的論點看似合理，卻是導致大眾對閱讀教育認知偏差的片面性觀點——空有大量閱讀就像是擁有頂級食材，卻沒有基本料理技能的廚師；擁有閱讀習慣也不一定會形成閱讀能力，這就像是有運動習慣的人，不必然能成為運動健將。

從 PISA 國際閱讀素養評量來看，以普世生活共有的生活情境為文本形式與議題內容，學生以平常培養的能力及素養來作答。而每個學生評量結果的差異，就可視為素養上的差別。這樣子藉由文本訊息建立客觀的理解脈絡，更符合閱讀理解的需求。

這次品學堂《閱讀理解》學習誌與親子天下合作推出《科學和你想的不一樣：閱讀素養題本》，期待透過我們設計的閱讀理解提問，帶領孩子建構對於文本的理解，解決閱讀中發現的問題，並以自身經驗探究思考文本內容。

每個時代，學習都是重要的事，但是每個時代的學習內涵，都會受時代面貌的主題影響。在這個事事更新的年代，或許學習的時代意義，就在於學習不被自己所限，不盲目相信，不人云亦云，學習發現自己可能是錯誤的，時時更新自己，超越自己，成為更新更好的自己。

十種一直在你身邊的昆蟲室友

問題一〔統整解釋〕

（　）妹妹在浴室洗臉時大叫一聲「啊，有跳蟲！」哥哥們做了不同觀察，誰的回應比較合理？

❶ 千千：不對，牠的腰部很細，應是不擅長飛行的蜚蠊瘦蜂
❷ 均均：不對，會喜歡在潮溼浴室出現的應該是菸甲蟲才對
❸ 立立：沒錯，順便一提，牠最喜歡吃角落的頭髮和蜘蛛絲
❹ 咻咻：沒錯，而且我知道牠腹部有彈跳構造，屬於彈尾綱

問題二〔統整解釋〕

請問菸草蟲、米象鼻蟲、蜚蠊瘦蜂、衣魚、衣蛾、書蝨的命名依據為何？

請作答

問題三 〔統整解釋〕

（　）根據文章提及的資訊，何者作法無法有效減少家中的昆蟲？

❶ 飼養一些孔雀魚、蓋斑鬥魚作為天敵。
❷ 把報紙、書本定時拿到戶外晒晒太陽。
❸ 打開除溼機，並且把花瓶的積水倒掉。
❹ 清除牆角、家具隙縫堆積的灰塵黴菌。

問題四 〔統整解釋〕

（　）作者期待讀者透過這篇文章能得到一些收穫，其中並不包括下列何者？

❶ 對生活環境裡的昆蟲有進一步認識
❷ 知道如何防治屋子裡面的昆蟲出現
❸ 了解臺灣昆蟲生態，願意參與保育
❹ 打破刻板印象，昆蟲並非只有害處

問題五 〔省思評鑑〕

（　）作者在文中放入許多圖片，這樣的做法可以達到什麼效果？（複選）

❶ 幫助讀者連結生活經驗
❷ 方便讀者比較文章訊息
❸ 區分文章裡的不同段落
❹ 提醒讀者文章重點位置

海鳥食安大危機——不死的塑膠垃圾

問題一〔擷取訊息〕

為什麼人們會用「塑膠濃湯」來形容海面上漂流的垃圾？

請作答

問題二〔統整解釋〕

（　）我們無法藉由「塑膠垃圾的壞，海鳥最知道」段落，解開下列何者困惑？

❶ 為什麼海鳥會誤食塑膠垃圾？
❷ 塑膠垃圾都分布在哪個海域？
❸ 塑膠垃圾如何危害海鳥等生物？
❹ 平均每隻海鳥體內有多少塑膠？

問題三 〔擷取訊息〕

根據本文，海洋垃圾會透過什麼樣的形式影響人類健康？

請作答

問題四 〔統整解釋〕

(　　)為什麼作者在「海上塑膠垃圾都去哪裡了？」最後一段提及人類？

❶ 提醒讀者人類的為所欲為終究會自食惡果
❷ 規勸讀者飲食選擇上應少食海鮮多吃蔬菜
❸ 說明塑膠垃圾已經進入全球的海洋食物網
❹ 呼籲人類應該全面養殖魚類減少捕撈行為

問題五 〔省思評鑑〕

❶ 你覺得本文與這張圖搭配適合嗎？請說明你的理由。
❷ 放入這張圖能夠產生什什麼效果？請說明你的理由。

「熒惑守心」與歷史上的政治陰謀

問題一 〔擷取訊息〕

火星為何讓古人有饑荒、疾病的聯想？

問題二 〔擷取訊息〕

從「宋景公說好話的故事」段落中，古人相信天人感應，並用天人感應來做什麼？

問題三 〔擷取訊息〕

(　　)根據本文，下列何者為現今星象對於「熒惑守心」的定義？

❶ 火星逆行使其偏離了心宿二的軌道
❷ 火星暫停的位置剛好在心宿二附近
❸ 心宿二逆行使其偏離了火星的軌道
❹ 心宿二暫停的位置剛好在火星附近

問題四 〔統整解釋〕

(　　)作者如何說明兩則歷史故事裡的熒惑守心實際為假？

❶ 採用社會學理論解釋
❷ 以科學角度解析內容
❸ 以法學觀點釐清內容
❹ 引後代歷史記載破解

問題五 〔省思評鑑〕

小草讀完本文之後，認為作者其實可以不用談宋景公的故事。請你試著評論小草的看法，你同意嗎？為什麼？

請作答

長頸鹿啊長頸鹿，你的脖子怎麼那麼長？

問題一 〔擷取訊息〕

學者基於哪些理由對「覓食是讓長頸鹿演化成長脖子的必要關鍵」的理論提出異議？

請作答

問題二 〔統整解釋〕

(　) 讀完本文的你，如何透過一句話向別人解釋長頸鹿的性擇假說？

❶ 雄長頸鹿傾向於與脖子較長的雌長頸鹿繁殖下一代
❷ 雄長頸鹿為了打鬥與求偶而演化出厚長的靈活脖子
❸ 雄長頸鹿為了博取雌長頸鹿注意演化出細瘦的外型
❹ 雄長頸鹿擁有靈活的球窩關節，這有利於交配行為

問題三 〔統整解釋〕

根據本文，長頸鹿演化出長脖子、細長小腿的身型，為什麼可以幫助牠在炎熱莽原環境下生存？

請作答

問題四 〔省思評鑑〕

本文提及的假說，像是覓食說、性擇說、散熱說，都是基於何種學說理論，進行假說的推測？

問題五 〔省思評鑑〕

（ ）本文提及許多學者提出的假說，請問本文使用什麼方式以清楚呈現每種假說？

❶ 將論點條列以比較異同處
❷ 以小標題提示假說的重點
❸ 以小標題提出不合理之處
❹ 以表格來呈現相關的論據

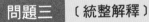

森林大火發生時，動物們在做什麼？

問題一 〔統整解釋〕

（　）森林裡，登山客發現遠處冒出濃濃黑煙，並說：「糟糕，我們得趕緊逃離，馬上就會發生森林大火了！」請讀過本文的你判斷，哪位朋友的回答比較合理？

❶ A：別太擔心，今天的溼度不低，不至於引發森林大火。
❷ B：這座森林位於溫帶，溫度低，不會引發森林大火的。
❸ C：今天陽光不佳，我們不馬上逃離，火勢很快就會燒過來了！
❹ D：丟菸蒂超沒良心，若沒有人為干擾，也不會有森林大火。

問題二 〔統整解釋〕

（　）某地發生嚴重的森林大火，請問該地的 β 多樣性會如何變化？

❶ β 多樣性變低，因為大火會造成動植物死亡
❷ β 多樣性變高，因為火災會增加物種更替速率
❸ β 多樣性不變，因為大火過後植物會繼續生長
❹ β 多樣性變化未可知，因為還需考量當地環境

問題三 〔擷取訊息〕

森林大火燃燒死亡、腐爛的動植物，能帶來甚麼好處？

請作答

問題四 〔統整解釋〕

(　) 森林大火對帝王鮭和強壯紅點鮭造成的影響，下列敘述何者正確？

❶ 長期來看，鮭魚棲地多樣性會增加
❷ 長期來看，鮭魚的魚苗數量會減少
❸ 短期來看，鮭魚的食物來源會增加
❹ 短期來看，鮭魚更容易被水流沖走

問題五 〔統整解釋〕

(　) 根據本文，我們可以得出下列哪項結論？

❶ 發生森林大火時，所有動物都會盡可能快速逃出
❷ 陸上的森林大火不會對於溪河流的生物造成影響
❸ 森林大火不只對森林生態有弊，其實也有利生態
❹ 森林大火的起火原因多半源自於人類社會的用火

為什麼我們愛吃辣？那些關於辣椒的二三事

問題一〔擷取訊息〕

化學家史高維爾怎麼樣制定辣度單位？

請作答

問題二〔統整解釋〕

三個月後，安安將挑戰初級辣味王比賽，吃下史高維爾辣度高達 8,000SHU 的墨西哥綠辣椒。讀過這篇文章的你，可以怎麼建議他進行比賽的準備呢？

問題三 〔統整解釋〕

(　　) 根據文章，作者沒有從以下哪個角度來談人為什麼會愛吃辣？

❶ 心理學　❷ 人格特質
❸ 生理機制　❹ 感官體驗

問題四 〔統整解釋〕

根據本文的內容，並針對以下學生的情況，你會推薦誰食用辣椒呢？

(　　) 薇薇：最近常常吃完飯就會脹氣，按摩也沒有作用。
(　　) 奧利：控制飲食中，但是一直想吃甜點和喝手搖杯啊！
(　　) 維西：我是手腳冰冷的類型，中醫說多吃熱性的食物。
(　　) 多比：上星期受傷痛得要命，有什麼食物吃了可以止痛嗎。
(　　) 小波：眼睛乾，皮膚又乾，醫生說這得補充維他命 A 及 C。

問題五 〔省思評鑑〕

(　　) 根據「越辣越過癮、越痛越開心！為什麼人會愛吃辣，還越吃越辣呢？」段落提到，辣椒的辣度能為其帶來某樣好處。下列哪種植物也具有某種特點，能帶來與前述相同之好處？

❶ 玫瑰花　❷ 三葉草
❸ 稻米　❹ 西瓜

閏年怎麼來？
為什麼是二月二十九日？

問題一 〔統整解釋〕

(　　) 作者指出，古羅馬人幾次修改曆法，最終能達成何種目標？

❶ 配合月亮盈虧的週期與天數
❷ 讓曆法的一年與回歸年一致
❸ 為方便制定宗教節慶的規則
❹ 統一各地曆法達成政教合一

問題二 〔統整解釋〕

承上題，此目標達成後，能為古羅馬人帶來什麼好處？

請作答

問題三 〔擷取訊息〕

天文學家因為哪些原因，不用年 / 月 / 日的曆法，使用儒略日來記錄天文現象？

請作答

問題四 〔統整解釋〕

(　　) 如果根據教皇格列哥里十三世所制定的曆法，哪年需要置閏？

❶ 西元 1300 年
❷ 西元 1400 年
❸ 西元 1500 年
❹ 西元 1600 年

問題五 〔省思評鑑〕

(　　) 哪種規則亦是如回歸年，配合季節變化所制定的？

❶ 天干地支
❷ 二十四節氣
❸ 格林威治時間
❹ 日光節約時間

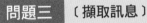

寶可夢風速狗，是會讓主人傾家蕩產的神獸？

問題一 〔擷取訊息〕

（　）若基於本文作者的假設，請問風速狗為什麼每天需要吃進超級大量的飼料？

❶ 為了維持身體的能量
❷ 為了提高本身的馬力
❸ 為了代謝碳水化合物
❹ 為了轉換體內的火焰

問題二 〔統整解釋〕

（　）根據作者假設，為什麼風速狗會讓主人傾家蕩產？

❶ 跑速過快，需佔地廣大的飼養環境
❷ 消耗熱量多，需支出龐大的飼料費
❸ 生長速度快，需要花許多時間照顧
❹ 生性怕生，飼主需每日陪伴風速狗

問題三 〔統整解釋〕

根據文章，為什麼作者算出風速狗的馬力之後，就可以計算出風速狗所需的飼料量？

請作答

問題四 〔統整解釋〕

（　）讀完本文後，讀者宜以何種眼光看待本文？

❶ 對角色全面考量後計算，結論具有研究價值
❷ 以類科學角度解析動畫角色設定，新鮮有趣
❸ 內容敘述客觀，可以學到正確的科學態度
❹ 從生物學立場考察，能發現動畫沒有亂寫

問題五 〔省思評鑑〕

（　）小智讀完這篇文章之後，寫信給作者：「希望你可以把文中推論的過程補上數學算式。」請問小智是想提醒作者什麼事情？

❶ 寫文章時應該考量到目標讀者的閱讀習慣
❷ 如果有引述資料，應該補上原始資料內容
❸ 文章若涉及推論必須要有完整的論證過程
❹ 寫作前應設定目標讀者，才能依需求而寫

為什麼樹懶要大費周章爬下樹排便？

問題一〔擷取訊息〕

（　）妞妞讀完之後，想幫二趾樹懶及三趾樹懶做一張比較表，請問妞妞哪個地方寫錯了？

	A 活動範圍	B 現存種類	C 食物種類	D 排便位置
二趾樹懶	較大	少	較單一	較固定
三趾樹懶	較小	較多	較豐富	較不固定

❶ A　❷ B　❸ C　❹ D

問題二〔統整解釋〕

請你幫助妞妞完成「樹懶皮毛生態系」的圖，寫出 ABXY 分別代表什麼。

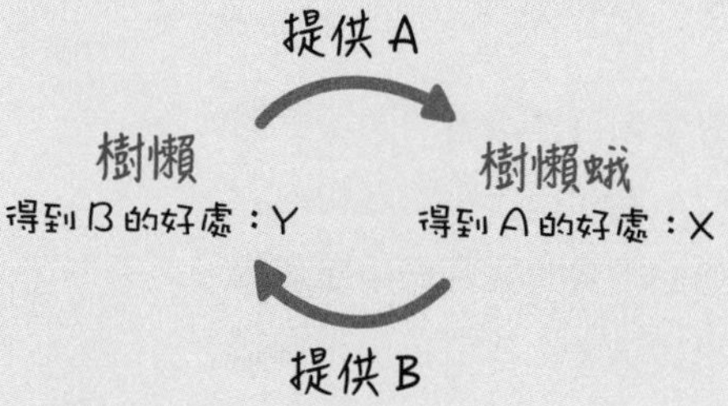

A	
B	
X	
Y	

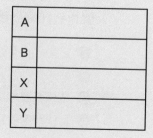

問題三 〔統整解釋〕

(　)妞妞讀完本文之後，認為這篇文章可以告訴大家(　)，請問(　)為下列何者？

❶ 生態保育的重要性
❷ 動物是如何演化
❸ 動物研究的眉角
❹ 生物行為的動機

問題四 〔省思評鑑〕

(　)作者在文章第 2 段加了很多刪節號（……），這有什麼作用？

❶ 省略重複的語句避免冗長
❷ 顯示作者欲言又止的狀態
❸ 刻意延緩讀者的閱讀節奏
❹ 暫時停頓表示有重要資訊

問題五 〔省思評鑑〕

(　)何者關係與樹懶、樹懶蛾之間的關係相同？

❶ 小丑魚——海葵
❷ 珊瑚——珊瑚蟲
❸ 跳蚤——黃金獵犬
❹ 小花蔓澤蘭——榕樹

不需要測速照相機就能抓超速？區間測速原理大解析

問題一 〔擷取訊息〕

（　）如果以後改成區間測速，主管機關可以用什麼取代傳統的測速照相機？

❶ GPS 衛星定位系統
❷ GIS 地理資訊系統
❸ ETC 系統內建相機
❹ CCTV 監控攝影機

問題二 〔統整解釋〕

（　）小明從中壢開車到新店，國道共 50 公里的路程他只花 25 分鐘就走完了。如果這段國道速限是 90 km/h ，根據區間測速的原理，小明有沒有超速？

❶ 沒有，小明與平均時速一致
❷ 有，小明比速限高 30 km/h
❸ 有，小明比速限高 10 km/h
❹ 沒有，小明比速限低 5 km/h

問題三〔統整解釋〕

(　　) 根據作者看法，區間測速跟現行的測速照相比起來，最大的好處是什麼？

❶ 執法精準
❷ 精簡人力
❸ 疏解車潮
❹ 節省費用

問題四〔統整解釋〕

(　　) 從測速照相發展到區間測速，這兩種取締超速的方法，有什麼本質上的不同？

❶ 行車拍攝畫面從平面進化成為實境
❷ 罰金依準從瞬時計速變成計算均速
❸ 車速管制範圍從定點擴大到路段
❹ 行政人力成本從現行額度再加倍

問題五〔省思評鑑〕

(　　) 關於本文作者的寫作手法，下列何者正確？

❶ 頻繁用生活化例子貼近讀者先備經驗
❷ 列出詳細的數學算式，強化主要論點
❸ 回顧原始的文獻資料，完善主要論點
❹ 採數據結果回應主要論點提及之益處

Q

為什麼我一開電視看球賽就掉分、關電視就得分？

問題一〔擷取訊息〕

（　）根據文章，應該如何解釋「工具制約」？

❶ 動物發現行為與結果有關後，根據結果來改變自己的行為
❷ 動物能夠辨別哪一種因素改變能導致另一項因素跟著改變
❸ 動物發現一直持續不懈做出同一動作，會得到滿意的結果
❹ 動物發現態度表現積極，能夠為自己帶來比較美好的結果

問題二〔擷取訊息〕

什麼是「控制錯覺」？

請作答

問題三〔統整解釋〕

（　）根據本文，作者對於人們有時候會有「控制錯覺」給予什麼樣的想法？

❶ 適當的控制錯覺能讓自己生活更美好

❷ 任何非理性行為會危害到心理的健康

❸ 沒有控制錯覺，人們就無法做出決定

❹ 控制錯覺能助人做出良好的社會行為

問題四 〔統整解釋〕

(　　) 下面有四位同學的對話，請問誰的行為會是作者口中的「轉圈的鴿子」？

❶ 同學 A：「與心理師諮商後，我的心情好像變平靜了。」

❷ 同學 B：「我去廟裡幫哥哥求了一個護身符，求個心安。」

❸ 同學 C：「只要帶著我的幸運筆應考，這次考試一定沒問題！」

❹ 同學 D：「我妹妹如果明天考試 100 分，我就請全班喝飲料。」

問題五 〔統整解釋〕

(　　) 本文中提到的「習得無助的狗」實驗。請問其內容可能為下列何者？

❶ 以一隻狗為對象，每次給牠食物時就搖一次鈴鐺，久而久之，即使只搖鈴鐺不給食物，狗依舊會流口水。

❷ 將狗放進一個通電且無法逃脫的籠子裡，久而久之，即使將其放進能輕易逃脫的籠子，牠也不嘗試逃脫。

❸ 將一隻狗放進同一座迷宮裡好幾次，發現狗隨著進入迷宮的次數增加，牠逃出迷宮的時間也會跟著縮短。

❹ A、B 狗關在同一籠子裡，A 狗每趴下一次就能得到食物，B 狗為了食物開始模仿牠的動作也得到食物。

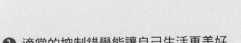

逃避雖可恥但有用？心理學解析《月薪嬌妻》

問題一 〔統整解釋〕

（　）根據本文，平匡病倒與美栗離家出走對於兩人的感情具有什麼意義？

❶ 讓感情變得穩固與平靜
❷ 讓感情出現改變的契機
❸ 讓兩人的感情出現裂痕
❹ 讓兩人的感情急劇升溫

問題二 〔統整解釋〕

（　）「一個人在無法滿足 A 需求的困境中，另一個情況經常也一起出現：對他而言更重要的B需求被滿足了……因為『已得到的 B 需求』往往對那個人更為重要，才會讓人處在困境中難以改變！」根據本文提到的《月薪嬌妻》角色，請問 A、B 應該填入什麼？

❶ 土屋百合：年輕、愛情
❷ 風間涼太：家庭、人際
❸ 津崎平匡：戀愛、穩定
❹ 美栗父母：平靜、責任

問題三 〔擷取訊息〕

（　）本文日劇《月薪嬌妻》受到歡迎的原因，與劇中符合的心理學理論有關，請問下列何者為非？

❶ 男女主角演繹的愛情中的追逃型關係
❷ 劇中的各種角色成為觀眾的內在投射
❸ 幽默詼諧的情節符合童話治療的條件
❹ 專業魯蛇的男主角有人際逃避的焦慮

問題四 〔擷取訊息〕

（　）根據本文內容，為什麼對於某些人來說，「逃跑可恥卻有用」？

❶ 因為逃跑能有益身體健康
❷ 因為逃跑能幫助自我維持
❸ 因為這能讓感情出現轉機
❹ 因為這能避免給他人傷害

問題五 〔統整解釋〕

（　）請問本文可以再補充什麼內容，有助於讀者更能理解平匡與美栗的感情？

❶ 女主角畢業於心理系，喜歡分析他人，也愛耍小聰明
❷ 男主角是菁英工程師，公司時常靠他才負責解決問題
❸ 美栗畢業後不久就失業，因而成為平匡的家庭清潔員
❹ 日本的婚姻制度與《月薪嬌妻》中契約婚姻的可行性

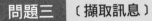

煮熟的湯圓為什麼會浮起來？

問題一〔擷取訊息〕

如果想讓澱粉產生糊化反應，須具備哪兩種條件？

請作答

問題二〔省思評鑑〕

（ ）根據文章，請問包含哪種成分的料需要在煮好後，與甜湯立刻分開裝，才不會壞了風味？

❶ 奶粉
❷ 蓮藕粉
❸ 洋菜粉
❹ 小蘇打粉

問題三 〔統整解釋〕

(　) 煮出一鍋熟得剛好，浮於湯面上的湯圓，需要經過哪些過程？

❶ 加熱→糊化反應→體積變大→浮力增加→浮起
❷ 加熱→浮力增加→體積變大→糊化反應→浮起
❸ 加熱→糊化反應→浮力增加→體積變大→浮起
❹ 加熱→體積變大→浮力增加→糊化反應→浮起

問題四 〔擷取訊息〕

承上題，為什麼過程二會導致過程三的結果產生呢？

請作答

問題五 〔統整解釋〕

(　) 本文為什麼提到了「糊化反應」？

❶ 為了說明本文的資料來源
❷ 為了解釋本文提出的疑惑
❸ 為提供讀者延伸思考方向
❹ 為告知讀者實驗研究原則

情人的加分扣分，請遵守貝氏定理

問題一 〔擷取訊息〕

（　）根據本文第一部分，貝氏定理如何翻轉我們對於評量戀情的認知？

❶ 蒐集大數據建立數據庫
❷ 將抽象感覺量化成機率
❸ 提供加扣分的基本準則
❹ 用生理因素來解釋心理

問題二 〔統整解釋〕

（　）根據本文的敘述，造成貝氏定理計算結果不穩定的因素是什麼？

❶ 每一個事件的機率都要由當事人自己定義
❷ 計算過程太複雜，常人往往無法獨立完成
❸ 使用的事件越多，公式就會變得越不穩定
❹ 先驗機率會影響之後每個獨立事件的機率

問題三 〔統整解釋〕

(　) 在P（A｜C）這個情境中，若芷帆將P（C｜A）的機率提高到50%，則「思綸是理想情人的事後機率」將會提升還是下降？

❶ 提升　❷ 下降　❸ 不變　❹ 不可能發生

問題四 〔省思評鑑〕

單單讀完後說：「作者應該提醒讀者，以貝氏定理來判定理想情人的方法其實並不是很科學，避免造成誤會！」請你評價單單的看法，你同意嗎？為什麼？

請作答

問題五 〔省思評鑑〕

(　) 本文並非一直線的順敘敘事，而是以「開頭→結果→經過→尾聲」的順序來敘述，將「結婚的結果」移到「交往時的爭吵經過」之前，下列對於這種做法的評論，何者較不適當？

❶ 小任：經過是本故事最重要的部分，因此延遲敘述以營造高潮
❷ 小重：作者將較不重要的資訊往後放，因為讀者期待故事結局
❸ 小道：先略過經過，能讓讀者對於經過產生好奇，想一探究竟
❹ 小遠：結果與尾聲較平淡，調整順序來切分能讓故事較有起伏

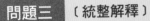

「這根本不是給人吃的！」大腦面對討厭食物的內心吶喊

問題一 〔擷取訊息〕

（　）根據本文，研究團隊如何知道，普遍來說哪樣食物最不受人們喜愛呢？

❶ 設計問卷進行調查
❷ 利用 fMRI 檢查腦部
❸ 分析神經的血流改變
❹ 使用嗅覺儀測試嗅覺

問題二 〔統整解釋〕

（　）為什麼研究團隊會進一步追問填卷者不喜歡某樣食物的原因？

❶ 為了統計填卷者不喜歡的原因
❷ 為確定文化對飲食習慣的影響
❸ 為了排除不合研究目的的樣本
❹ 為了解各年齡性別人們的喜好

問題三 〔統整解釋〕

（　）根據本文，討厭起司的人聞（看）到起司之後，大腦內部如何運作？

❶ 試圖嘗試→關閉獎賞系統→產生厭惡
❷ 試圖避開→啟動獎賞系統→產生愉悅
❸ 試圖嘗試→啟動獎賞系統→產生厭惡
❹ 試圖避開→關閉獎賞系統→產生愉悅

問題四 〔統整解釋〕

A 把研究團隊的實驗製成表格，請幫他完成。

實驗目的	實驗方式	實驗控制變因	實驗結果
			發現討厭起司者的外蒼白球、內蒼白球、黑質三部位血液流動變得不一樣。

＊控制變因：實驗時保持固定不變的變因。

問題五 〔省思評鑑〕

人類發展出文中的獎賞系統有其好處，還有哪幾種同樣具有這項好處的生理機制？請寫出兩種。

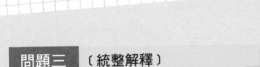

你看過「狗狗不喜歡被抱」的新聞，但你發現問題了嗎？

問題一 〔擷取訊息〕

（　）科倫教授用什麼方法得到他的研究結論？

❶ 監測狗狗的腦波變化
❷ 訪問眾多飼主的經驗
❸ 歸納照片中狗的特徵
❹ 統整多位專家的意見

問題二 〔擷取訊息〕

（　）下列何者不是作者對科倫教授研究結果的看法？

❶ 研究並沒有經過同儕審查
❷ 無法確定取樣的條件一致
❸ 科倫對研究結果早有預設
❹ 判斷狗的壓力指標有爭議

問題三 〔省思評鑑〕

雖然作者在文章進行到一半時才提到自己對科倫教授研究結果的立場，但其實我們從他在前文的用語就可以看出端倪。請舉出文本中「至少一處」佐證這個說法。

請作答

問題四 〔統整解釋〕

請問本文作者對於「狗喜不喜歡被抱？」這個問題的答案是什麼？

請作答

問題五 〔省思評鑑〕

（　）根據文章，科倫教授對研究資料進行分析的方法，其實就是（　），請問（　）為何？

❶ 類比法
❷ 歸納法
❸ 邏輯演繹法
❹ 文獻研究法

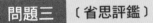

跨年夜的捷運改變了地球磁場？那真是比萬磁王還要狂啊！

問題一 〔統整解釋〕

（　）作者認為《三百萬人瘋跨年倒數　讓研究團隊發現北捷影響地磁場》、《創全球之先天重大發現　跨年夜北捷載量大改變地球磁場》等臺灣媒體報導犯了哪些錯誤？（複選）

❶ 寫錯了「影響地球磁場觀測的真正原因」
❷ 用語不夠正式，娛樂化嚴肅的科學研究
❸ 標題會讓讀者誤解研究團隊的研究動機
❹ 未引用國外原始資料，資料失去正確性

問題二 〔擷取訊息〕

（　）跨年夜的捷運系統真正影響地球磁場觀測的原因為何？

❶ 強烈的聲波頻率產生共振效應
❷ 密集的人類活動造成磁力集中
❸ 負載量突然增加影響重力結構
❹ 頻繁且長時間的運行產生電流

問題三 〔統整解釋〕

(　　) 作者為什麼要寫這篇文章？

❶ 糾正研究團隊的錯誤，介紹國外的最新發現
❷ 提供正確科學資訊，鼓勵讀者思考媒體訊息
❸ 透過學者口語解釋，期冀讀者理解研究內容
❹ 批評紙媒造謠生事，建議用網路搜尋來取代

問題四 〔統整解釋〕

(　　) 萬磁王是漫畫電影裡的人物，作者為何要在標題跟內文中提到他？

❶ 反諷報導的謬誤程度
❷ 比喻複雜的科學研究
❸ 象徵人類的知識有限
❹ 說明網路言論的力量

問題五 〔省思評鑑〕

(　　) 你覺得本文第 2 段的寫作手法，有什麼效果？

❶ 客觀敘述方式能讓讀者不帶主觀進行閱讀
❷ 淺白的故事性介紹，簡化複雜的科學觀念
❸ 破題解釋科學訊息能讓讀者先有基本了解
❹ 排比形式讓讀者注意到作者欲解釋的訊息

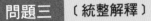

外星人新聞釀成雙重災難

問題一 〔擷取訊息〕

本文中，作者提出雙重災難，請問什麼是「第一重災難」？

請作答

問題二 〔統整解釋〕

（　）根據本文，請問以下何者並非造成「第二重災難」的原因？

❶ 媒體傾向使用聳動標題造成新聞失真
❷ 國內媒體不願付錢向國外買科技新聞
❸ 國內媒體鮮少查證原始資料是否適切
❹ 國內的新聞媒體大多數不具科學背景

問題三 〔統整解釋〕

（　）下面是四位朋友聚餐時的對話，請問誰的說話內容符合作者於文末的呼籲？

❶ 柯比：「我剛剛看到一篇新聞說探索者號發現土星出現生命體！都有照片了，看來是真的呢！」

❷ 卡特：「那篇新聞是我報的，國外新聞的正確性比較高，我看到國外有報導就趕緊買下編譯。」

❸ 韋德：「我也有看到，不過幾個有名的國外新聞網站都沒有報導這則消息，連 NASA 也沒消息。」

❹ 喬丹：「最近出現的科學新聞五花八門，標題也下得十分有趣，我都會點進去看，增長知識！」

問題四 〔統整解釋〕

(　　) 文中提及的「美國 FBI 外星人資料解密」的新聞。以下為事件實際內容與新聞的報導標題，請問何者與文中新聞的撰寫手法不同？

❶ A 國大量進口石油 /「和平不再？A 國進口大量石油，明顯為戰爭做準備！」

❷ 考古學家發現新馬雅石板 /「新發現馬雅石板，考古學家疑世界末日將到來！」

❸ 科學家發現新元素 /「意外發現新元素，可能成為科學史上的重大進程！」

❹ B 公司發表全新家務機器人 /「令人害怕的未來！人類快被機器人取代了！」

問題五 〔統整解釋〕

(　　) 下列哪個疑惑在讀完本文後，可以得到解釋？

❶ 如何從新聞看出 FBI 解密文件的真實性？

❷ 看名嘴說故事，你可以學到哪些知識？

❸ 我們可以相信哪些國外媒體的報導？

❹ 為什麼我們無法提升民眾的科學素養？

為什麼比起數據，人們更容易相信個案？

問題一 〔擷取訊息〕

為何人們天性相信個案而不是數據？

請作答

問題二 〔統整解釋〕

（　）先給受測者看藥物成功率，再看個案結果的情形下，下列何者敘述正確？

❶ 受測者的接受度會影響藥物成功率的高、低
❷ 個案結果的好壞對於受測者接受度影響較大
❸ 臨床測試成功率越高，受測者接受度也越高
❹ 藥物成功率變項，會影響個案試藥後的結果

問題三 〔統整解釋〕

(　　) 依據本文提及的理論，保養品品牌應選擇哪種行銷方式，最容易讓消費者買單？

❶ 找明星醫師開數據、掛保證
❷ 冠名電視劇劇名打響知名度
❸ 廣送試用品，累積商品口碑
❹ 請素人試用，記錄前後變化

問題四 〔統整解釋〕

(　　) 根據本文，以下何者為作者想要傳達的主旨？

❶ 我們應該注意廣告推銷經常利用心理學機制，讓消費者被商品制約。
❷ 雖然生理機制易使人做出不理性決定，但我們能透過後天學習理性。
❸ 進行實驗研究時應該遵守研究倫理，不能隨便相信個案的受測結果。
❹ 把科學議題轉譯成為簡單親民的圖文字是未來推行媒體識讀的趨勢。

問題五 〔省思評鑑〕

(　　) 作者如何向讀者說明「為什麼比起數據，人們更容易相信個案」？

❶ 舉出實驗研究結果　❷ 指出個案親身說法
❸ 蒐集大數據的資料　❹ 比較不同專家理論

我們容易受騙，是因為大腦漏洞百出

問題一 〔統整解釋〕

（　）為什麼作者會說我們是「間接」看到世界，而不是「直接」看到世界？

❶ 人類其實生活在一個虛擬的世界中
❷ 人類需要依靠儀器才能夠認識世界
❸ 我們所見聞的是腦建構的虛擬世界
❹ 人類感官尚未敏銳到認識真實世界

問題二 〔擷取訊息〕

根據本文，大腦為什麼要用捷思機制來降低我們判斷資訊的正確性？

請作答

問題三 〔省思評鑑〕

小品閱讀本文後，覺得圖三沒有辦法讓他體會什麼是凸臉錯覺，請問你會怎麼調整這張圖片來解決小品的困擾？

請作答

問題四 〔省思評鑑〕

校刊社長涓涓認為，校刊是黑白印刷，本篇文章不適合放在校刊裡。請你評價涓涓的想法，你同意嗎？為什麼？

請作答

問題五 〔擷取訊息〕

什麼是認知不可穿透性？

請作答

十種一直在你身邊的昆蟲室友

問題一　解答 ❹

選項 1：蜚蠊瘦蜂的特徵可參考文章段落 9。選項 2：菸甲蟲的特徵可參考段落 8。選項 3 和 4：跳蟲的特徵可參考段落 10。

問題二

解答»「這些昆蟲名字都是根據其食物來命名」相關敘述。例如：名字跟吃的東西有關。／根據食物取名。／名字包含食物。

將這些昆蟲的介紹統整成表格，會發現牠們的共通點是名字以其食物命名。

問題三　解答 ❶

選項 1：本文中並無提及。選項 2： 書蝨、衣魚會啃食報紙、書本等植物性纖維，定期將書報拿到戶外晒太陽可驅趕牠們。同時可減少黴菌，讓以真菌類維生、喜歡陰暗潮溼的昆蟲跟著減少。選項 3：除溼機可降低周遭溼度、減少黴菌；倒掉積水則是讓蚊子沒有環境可產卵。選項 4：打掃可清除喜歡躲在陰暗牆角的昆蟲，以及好食黴菌的昆蟲。

問題四　解答 ❸

選項 1：本文的昆蟲都能在家中看見，作者希望藉此拉近讀者與昆蟲的距離，傳達不是只有在野外才能找到昆蟲。選項 2：了解昆蟲的棲息環境和食物，即可透過改變環境或減少食物來源，防治家中害蟲。選項 3：文中未提及。選項 4：作者介紹蜚蠊瘦蜂是蟑螂剋星，無須殺害，讓讀者認識家中昆蟲也有益處。

問題五　解答 ❶ ❷

透過圖片，讀者能從生活經驗，與文字訊息連結，知道文字敘述的昆蟲，生活中已然見過。也能將圖片所示的昆蟲外型與文字訊息一一對照。

海鳥食安大危機——不死的塑膠垃圾

問題一

解答» 「因為這些塑膠就像湯裡的馬鈴薯塊越煮越小，最後變得無所不在」相關敘述。例如：因為塑膠越變越小。／因為漂流海上的塑膠垃圾很小，像濃湯裡的馬鈴薯塊。

請參考「塑膠垃圾的壞，海鳥最知道」段落的第一小段。

問題二　解答 ❹

選項 1：本段提到塑膠碎屑小到約直徑五公釐以下，就可能被海洋生物吃下。選項 2：由「顯示海鳥不一定要靠近五大渦流獵食，就可能會誤食塑膠垃圾。」知道大部分分布在五大渦流。選項 3：本段舉出三種對海鳥的危害。

問題三　解答» 食物網

根據文章敘述：「其中一個可能就是被海洋動物吃掉了。塑膠垃圾可能早已進入全球海洋食物網，而在全世界海域漁獵的人類，無疑也是食物網的一分子，而且還站在高階消費者的位置，吃著各式各樣的海鮮。」可以得知。

問題四　解答 ❶

根據這段敘述，塑膠垃圾會經過食物網被人類所吃掉，或所含毒素經食物網進入人體。這代表我們自己製造的塑膠不只危害其他生物，也會危害自己。

問題五　解答» 請參考如下。

正確且完整：1 適合，回答因為「與本文主旨相關」的敘述。例：因本文旨在講人類製造塑膠垃圾，造成生態浩劫，結果反倒也吃進塑膠垃圾與毒素。2「諷刺效果」相關敘述，回答因「文中提及人類也是有著塑膠垃圾／毒素的食物網一員，卻仍渾然不知的吃著海鮮，自食惡果」相關敘述。例：此人吃得很開心，卻不知自己吃的不是海鮮，而是自食惡果，正在吃塑膠垃圾／毒素。
不正確：他吃著塑膠卻還很開心。（錯，此人不知自己吃進塑膠）

因為本文討論的塑膠垃圾，不僅危害海洋生物與環境，人類最終將自食惡果，在餐桌上與它相遇，卻不知道自己享用的其實是塑膠垃圾，實帶有嘲諷意味。

「熒惑守心」與歷史上的政治陰謀

問題一 解答» 紅色外觀易使人聯想到血氣、使人畏懼。

根據文章敘述，火星是一個紅色的行星，又因為紅色外觀易使人聯想到血氣、給人畏懼的感覺，也因此容易讓古人有饑荒、疾病等聯想。

問題二

解答»「用來說明一些人事的道理，這是人和老天爺的對話。」或「用天象來規範君主的德性。」

根據「宋景公說好話的故事」段落敘述：「這是因為古人相信天與人的相應關係，並以此來規範君主的德行……古人觀察天象，其實經常不在於解釋天象本身，而是用來說明一些人事的道理，這是人和老天爺的對話。」可得知。

問題三 解答 ❷

根據「古人眼中的熒惑守心：影響帝王命運的異象」段落敘述可知：「當火星的運行……就會暫時停了一下子，這稱為『守』或是『留』。如果火星暫時停留下來的地方在心宿，就稱為『熒惑守心』」

問題四 解答 ❷

作者在「用天文科學破解歷史謎團」段落指出，其實用科學眼光來分析就會發現這兩則歷史故事中的熒惑守心根本沒有發生。

問題五 解答» 請參考如下。

同意：回答出「刪掉不影響文章主旨」相關敘述。範例 1 ：本故事重點為天人感應思想，但文章旨在以科學破除迷思，且其他段落已提天人感應。範例 2：本故事與古人害怕熒惑守心的關聯較小。不同意：回答出「影響讀者了解其他段落和主旨」相關敘述。範例 1 ：如果刪掉本故事，只透過前段理解天人感應，無法領會星象對古人的意義。範例 2：讀者藉這故事深入理解天象對於古人的意義後，更能了解為何王莽造假會使翟方進下臺。

評論是個人主觀看法，只要理由合適充分，都是好評論。所以讀者應該先思考宋景公的故事旨在告訴我們什麼樣的訊息？這則故事與文章主旨的關係為何？與其他段落訊息有沒有關聯？是不是具有因果關係？再來進行評論。

長頸鹿啊長頸鹿，你的脖子怎麼那麼長？

問題一

解答» 體型較小的雌性、年幼的長頸鹿，即使有長脖子但不夠高，依然沒有減少與其他食草動物競爭的壓力。而且，不論雄或雌長頸鹿，把脖子彎曲都是牠們進食速度最快、也最常採用的用餐姿勢。

參考「可惡！長頸鹿果然是吃貨嗎？」段落。

問題二

解答 ❷

參考「才不『吃』這一套！」段落：「因此提出『長頸鹿之所以長脖子，是為了求偶。』」

問題三

解答» 幫助散熱、減少太陽照射面積、遠離熱空氣區及低風速區。

參考「表面積一樣大，乾坤大挪皮散熱更有效」段落：「半徑較小，不僅賦予該部位較高的導熱係數……細瘦的結構更能散熱呀！」「挑高的身形也讓牠遠離了地表的熱空氣層與低風速區……也降低了太陽輻射熱直射在身上的面積。」

問題四

解答» 天擇說

根據達爾文的天擇說，佔優勢的個體有較大機會繁衍後代，使牠能將具有優勢的基因傳遞下去，最終使整個族群都擁有這種優勢。覓食說即認為長脖子幫助覓食而得以成為優勢存活；性擇說即認為長脖子幫助求偶和打鬥而得以成為優勢存活；散熱說即認為長脖子與細長腿能幫助在炎熱環境存活。

問題五

解答 ❷

文中出現許多小標題，標示出假說的重點。如「表面積一樣大，乾坤大挪皮散

熱更有效」提示「散熱假說」的論述內容。

森林大火發生時，動物們在做什麼？

問題一 解答 ❶

森林大火的發生條件為燃料、氧氣和熱源三個關鍵要素，再加上足夠乾燥的空氣。選項1：空氣潮溼較不易引發森林大火。選項2：溫度不是引發主因。選項3：由朋友群對話可知當天溼度高，火勢不會快速延燒。選項4：森林大火為自然生態的一部分，即使無人為干擾，也可能因閃電、熱風等熱源引發。

問題二 解答 ❹

根據「森林大火會降低生物多樣性嗎？」段落中對 β 多樣性的定義，以及「根據森林大火燃燒的火勢與當地環境的不同，會對森林的 β 多樣性產生不同的影響。」可推論除了題幹提及的火勢狀況，還需考量當地環境，如物種分布是否平均、耐干擾物種有多少等條件才能判斷多樣性變化。

問題三 解答» 請參考如下。

<u>正確且完整</u>：讓營養物質回到土壤中。
<u>不正確</u>：清除有害昆蟲。

文章提到森林大火可「燃燒死亡、腐爛的動植物，讓營養物質回到土壤。」

問題四 解答 ❶

選項 1 ：棲地多樣性因樹木倒塌形成坑洞而增加。選項 2：魚卵和魚苗數量只在大火發生後的一段時間、水流還不穩定時會減少。選項 3：文中沒有提到食物來源的變動。選項 4：倒下樹木製造躲藏的空間，鮭魚更不易被水沖走。

問題五 解答 ❸

選項 1 ：大部分動物會逃離火災，但有些動物如棕熊、浣熊和猛禽則會趁機捕

食逃難的動物。選項 2：倒塌的樹木會影響溪河流中的生物。選項 3：森林大火也讓林中生物有重新發展的機會。選項 4：森林大火的原因分為自然和人為，雖然人類用火不慎造成的火災較多，但也有火災是因自然條件符合而發生。

為什麼我們愛吃辣？那些關於辣椒的二三事

問題一

解答» 「將被測物溶解到糖水中，嘗不到辣度的糖水量總和即為被測物的史高維爾辣度單位。」相關敘述

參考「辣不辣我說了算！史高維爾辣度單位」第二段的敘述。

問題二

解答» 「分階段循序漸進習慣辣度小至大的辣椒」相關敘述。例如：先從比較不辣的開始練習吃。／循序漸進，練習從辣度小的開始吃。

根據文章，我們的感知和調節疼痛系統能讓我們抵禦疼痛，並習慣痛覺。所以安安可在比賽前先習慣較小辣度的辣椒，就有機會成功挑戰墨西哥綠辣椒。

問題三

解答 ❷

心理學：參考「刺激經驗讓人上癮」敘述。生理機制：參考「止痛劑分泌會產生愉悅感」敘述。感官體驗：參考「辣椒是種增味劑能使食物更豐富」敘述。

問題四

解答» 薇薇、奧利、小波

根據「越辣越過癮」及「對辣椒的更多研究」段落，可整理出辣椒對人體的好處如：含維他命 A 及 C；幫助唾液分泌及腸道消化；減少飢餓感等。維西需溫補食物，但本文無提及；多比需能止痛的食物，辣椒則會讓人產生痛感。

問題五

解答 ❶

辣椒的辣，讓哺乳動物避開吃它，但鳥類能夠吃下，並替它傳播種子，是種保護自己的作用。玫瑰花帶刺，也是為了保護自己不被動物所食用。

閏年怎麼來？為什麼是二月二十九日？

問題一　解答 ❷

根據文章，努瑪曆採「以月亮盈虧週期」為一個月，並想出置閏使曆法靠近回歸年。儒略曆則修正置閏，讓平均一年天數更接近回歸年。教皇格列哥里顧慮曆法偏差讓每年復活節無法維持同日期，再次修正置閏，讓先前累積的偏差天數修正回來，符合回歸年。選項 1 中，採用月亮盈虧週期是手段，非目的。

問題二

解答»「人類的宗教節慶、農業生產配合季節變化，曆法與回歸年一致後，每年這些活動的日期就會一致，不會每年都不同」相關敘述。

一個回歸年是一個完整的四季變化週期。曆法的一年若與回歸年相同，就能配合四季變化，不會讓今年 1 月季節與隔年 1 月不同。文章亦提及，宗教節慶與生產活動也依季節而行，因此曆法配合回歸年，能使這些活動維持同日期。

問題三　解答»請參考如下。

正確：天文學紀錄沒有配合季節變化、太陽位置的必要。／使用年 / 月 / 日會讓運算變得麻煩。不正確：為了方便。（答案模糊）

根據文章末段，天文學家關注天文紀錄，但是天文紀錄不用配合季節變化，而且曆法分成年月日也會讓運算變麻煩，只要記「日」就夠滿足需求了。

問題四　解答 ❹

年分為 4 的倍數置閏；例外：年分為 100 的倍數但不為 400 的倍數則不置閏。

問題五　解答 ❷

選項 1 ：天干地支與中國曆法有關，為六十進位。選項 2 ：二十四節氣根據季節制定，方便農人對照生活。選項 3 ：格林威治時間是根據太陽橫穿格林威治子午線的時間制訂。選項 4：高緯度國家會在日出較早的夏季，將時間往前調，讓人們的作息提早，節約晚間用電。

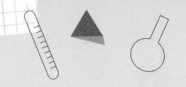

寶可夢風速狗，是會讓主人傾家蕩產的神獸？

問題一　解答 ❶

參考「速度驚人，消耗的飼料也驚人」段落。

問題二　解答 ❷

文章倒數第二段提到，若風速狗真的跑一整天，就需吃掉超過九百包飼料，「而你會破費，花掉超過兩百萬新臺幣買飼料。」可知題目的傾家蕩產是指飼料費。

問題三

解答» 馬力即為一種能量轉換單位。／馬力能轉換成熱量。

根據「馬力是功率單位」段落，馬力是能量除以時間的單位。物理學中熱量與能量可互換。算出馬力後，再按碳水化合物提供多少熱量，就能計算飼料量。

問題四　解答 ❷

作者以物理的角度解析風速狗，但文末也提及「這只是簡單的假設，我們並不知道風速狗怎麼代謝……」表示作者的推論並沒有足夠資訊，有趣成分居多。

問題五　解答 ❸

作者提到風速狗的跑速這麼快，且以體內火焰作為動力來源，與汽車運轉原理相似，因此可計算看看風速狗的馬力。「經計算後，我們得出體重一五五公斤的風速狗……馬力數為一六〇二。」但讀者無從得知推導結果從何而來、怎麼計算。欲說服讀者接受本文論點，應完善論證過程，意即包括完整數學算式。

為什麼樹懶要大費周章爬下樹排便？

問題一　解答 ❸

第三段提到二趾樹懶能夠攝食葉子、果實和些許動物性蛋白，但三趾樹懶只吃特定幾種樹種的葉子，所以牠的食物種類較少，與選項 3 描述完全相反。

問題二 解答》請參考如下。

A	糞便、皮毛
B	綠藻

X	糞便：能產卵在樹懶糞便裡、糞便能提供幼蟲營養。皮毛：能讓成蟲在裡面寄居。
Y	可作為營養來源 / 食物。

樹懶皮毛生態系就是三趾樹懶與樹懶蛾之間的共生關係：樹懶提供自己的皮毛與糞便讓樹懶蛾棲息、繁殖；樹懶蛾死後分解可以增加無機氮源，刺激綠藻生長；綠藻會成為三趾樹懶隨身的食物，提供重要的脂質。

問題三 解答 ❹

本文從物種介紹開始，分別比較二趾樹懶與三趾樹懶的外觀、生活習性、食物種類與活動範圍，先讓讀者對兩者差異有基本認識，再說明三趾樹懶為何爬下樹排便。並以最新的科學發現介紹三趾樹懶、樹懶蛾及綠藻的共生關係，推翻過去科學家認為的「片利」共生，也解答人類對樹懶為何爬下樹排便的疑問。

問題四 解答 ❸

該段描述三趾樹懶有特殊的生理時鐘與固定的排便習慣，二度用「緩……慢……」形容三趾樹懶的爬行動作，運用刪節號打破原本的節奏，拉長讀者的閱讀速度，讓讀者透過文字與標點符號，模擬感受到樹懶緩慢的生物性。

問題五 解答 ❶

樹懶與樹懶蛾是互利共生。選項 2 中珊瑚是珊瑚蟲的聚集；選項 3 和 4 是寄生關係。

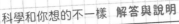

不需要測速照相機就能抓超速？區間測速原理大解析

問題一 解答 ❸

「第二、ETC 派上用場」該段寫到，如果想改用區間測速、又想節省設備經費，

「我們已經有現成的了，那就是電子道路收費系統（ETC）內設的相機。」

問題二 解答 ❷

小明 50 公里的車程只花 25 分鐘，等於平均每分鐘要開 2 公里，換算成時速就是 120 km/h。根據均值定理，小明一定有某個時間點的車速等於 120 km/h，跟國道速限 90 km/h 相比，小明已經超速 30 km/h。

問題三 解答 ❹

作者提出區間測速的 4 大好處，其中第 1、2、4 點都有寫到可以省下測速照相機的維修預算或設備費，駕駛人也無需再添購高級的反偵測裝置，可見對於公務單位或駕駛人來說，改用區間測速最大的好處是節省金錢。

問題四 解答 ❸

測速照相是在路上每隔一段距離就設置測速照相機，以往駕駛人只有在該定點超速時，才會被取締開罰。但區間測速是用平均時速來計算，所以駕駛人必須全程維持在安全範圍內，才能降低被開罰的機率。可見兩者間最大的不同在於車速的管制範圍從過去的定點，擴大到行駛路線全程。

問題五 解答 ❶

作者教授微積分，但在文中顧及讀者的先備經驗，頻頻使用生活化的敘述與例子來向讀者說明。像是均值定理由翻譯年糕翻譯、舉例國道一號從台北到新竹的長度、解析 ETC 相機功能、模擬超速駕駛人心理活動狀況等。

為什麼我一開電視看球賽就掉分、關電視就得分？

問題一 解答 ❶

統整文章「行為主義大師史基納⋯⋯」段落，能夠知道「工具制約」是指動物發現某行為會導致某結果（踩踏板就能獲得食物）之後，會根據結果來改變自己的行為（因為掉下食物了，而增加踩踏板的行為）。

問題二

解答»「人們以為自己能控制或影響結果，事實上卻無法影響」相關敘述。例如：誤以為自己能影響結果。／錯誤連結行為與結果。

文中「控制錯覺」是指「人們以為自己可以控制或影響結果，事實上卻無法影響」。這也跟文中提及的「轉圈的鴿子」一樣錯誤連結了某個行為與後果。

問題三　解答 ❶

統整末兩段，「整體而言這樣的行為傾向對心理健康是有幫助的……有了因果關係，就能夠產生控制感，而對生活有控制感，正是心理健康的條件之一。」「……萬一球賽輸了卻一直自責是自己雪茄抽不夠而感到沮喪的話，那可就太過頭了」可知作者認為過度的控制錯覺並不好，但適度能助人對生活產生控制感。

問題四　解答 ❸

末段提到「萬一球賽輸了卻一直自責是自己雪茄抽不夠而感到沮喪……就跟轉圈的鴿子沒兩樣了。」可見作者認為過度迷信（即控制錯覺）與「轉圈的鴿子」相同。選項 1 是透過科學方法，與專業心理師諮商問題；選項 2 是寄託宗教求心安，並無期望獲得絕對結果；選項 4 為賭約，和錯誤連結行為與後果無關。僅選項 3 錯誤連結「帶幸運筆」的行為與「考試沒問題」的後果。

問題五　解答 ❷

文本提到「習得無助的狗」是缺乏控制感所產生的狀況，因此應選會令狗缺乏控制感的實驗。選項 2 中，狗原先被關在籠內，即使受傷也逃不了，便失去對逃脫行為的控制感。所以就算後來換到易逃脫的籠子，也不再嘗試逃脫。

逃避雖可恥但有用？心理學解析《月薪嬌妻》

問題一　解答 ❷

參考「陰影裡，也包含改變的力量」段落，平匡病倒呈現脆弱，有助關係改變；

美栗離家出走與往常舉動相反，當關係中追的人停下來，也會帶動伴侶改變。

問題二　解答 ❸

根據「為什麼要逃避？」和「需求滿足與關係不確定性」段落，平匡對自己沒自信、可能對婚姻擔心，比起來，這位「專業單身男」認為安穩更重要。其他選項見「所有的角色都是逃避的」段落。選項 1：百合逃避卻渴望感情。代表愛情需求並未被滿足。選項 2：涼太逃避依戀與婚姻，推論 A 需求非「家庭」。選項 4：作者推論美栗父母逃避做決定、承擔責任。選項內容均不符合。

問題三　解答 ❹

本文舉出三種逃避的類型，但僅有「逃避依戀」符合劇中人物風間涼太的設定，「人際逃避」與「逃離情緒」則未有舉例。

問題四　解答 ❷

根據「為什麼要逃避？」段落，當感情生活有人進入時，人會面臨兩難抉擇：要開始這段關係，冒險做不熟悉的事？或當做沒看見，維持例如「專業單身男」的自我認同？作者指出後者其實也是種「自我維持」的行為。

問題五　解答 ❸

選項 3 可以幫助讀者了解美栗過去「不被需要」的經驗。看似外貌好、學歷佳的條件，卻因沒有工作而害怕異樣眼光、被社會拒絕。因此，美栗選擇契約婚姻、成為全職家庭清潔員，能滿足她的需求，也能回答文中提問：「又為什麼條件這麼好的森山美栗會願意進入『契約婚姻』呢？」

煮熟的湯圓為什麼會浮起來？

問題一　解答» 水分與溫度。／加入水、加熱。

從第三段「將澱粉混合適量的水分並且加熱（六〇至七〇度，依澱粉種類），則會產生所謂的『糊化反應』」可知，該反應需要夠多水且夠熱兩條件。

問題二 解答 ❷

根據文章，糊化反應會使澱粉進入水中影響風味。因此含澱粉的蓮藕粉料需與甜湯分裝。小蘇打粉是碳酸氫鈉；洋菜粉原料是海藻；奶粉是鮮乳乾燥製成。

問題三 解答 ❶

根據第三段，澱粉於水中加熱後，產生糊化反應。接著梳理第六段敘述，糊化後產生新的結構讓體積變大。變大的湯圓產生較大的浮力，最後就浮起來了。

問題四

解答» 因為水分進入湯圓澱粉間的鏈結，形成新結構讓體積變大。

參考「澱粉，一切都是因為澱粉」的第四段敘述。

問題五 解答 ❷

作者於首段提出疑惑：為何要等湯圓浮上水面、湯圓通常與甜湯分開煮呢？第二到末段的功用皆為解釋首段和篇名提出的疑惑，而糊化作用是解釋核心。

情人的加分扣分，請遵守貝氏定理

問題一 解答 ❷

根據本文第一部分最末段：「或許，比起算總分，我們應該翻轉思維，思考眼前這人有多少機率，會是我的理想情人。」可以得知。

問題二 解答 ❶

根據本文，貝氏定理最初的先驗機率與每個事件的機率都是當事人自行定義的，所以才會有文中芷帆調整P（C｜A）機率使「思綸是理想情人的事後機率」提高的情事。選項３，使用的事件越多，計算的結果會越來越精準。選項４，先驗機率不會影響獨立事件的機率，但會影響每一次計算的結果。

問題三 解答 ❸

將P（C ｜ A）=50% 代入公式，可得到 $\frac{(0.5\times0.73)}{(0.5\times0.73)+(0.5\times0.27)}=0.73$

故可知「思綸是理想情人的事後機率」將維持不變，為 0.73。

問題四　解答»請參考如下。

同意：請回答「貝氏定理的機率由人自己決定，並不客觀，算出的數值實則反映人自身感受」、「愛情最重要的是自身經歷與感受，沒有能客觀衡量的機率與標準」相關敘述。不同意：請回答「人根據過往的經驗設定機率，既然有經驗支持，設定的機率數值也應有參考價值」相關敘述。

貝氏定理的計算來自於各事件機率，而故事中的事件機率都由芷帆設定，所以單單有可能認為結果數值因主觀成分高而不科學。若從愛情本質來看，感情抽象難以量化，無任何科學計算愛情的公式是經過數學學者認可，也可就這點推論用貝氏定理計算並不科學。但若從歸納經驗的角度看，芷帆的機率設定來自過去經驗的歸納，她設定的數值用在貝式定理上，對她自身是有參考價值的。

問題五　解答 ❷

承前文，貝氏定理的應用看似一帆風順，其後卻產生問題：機率下修與過低。這個事件同時是檢驗貝氏定理的重要關卡，就情節來說，也是兩人愛情故事的最重要的衝突，因此作者將此部分後移，將「事件的結果」作為「故事的鋪陳」，而將「事件的經過」作為「故事的結局」。

「這根本不是給人吃的！」大腦面對討厭食物的內心吶喊

問題一　解答 ❶

第四段提到研究團隊先徵求三百多位人士，並讓他們填寫對 75 種食物的感覺。

問題二　解答 ❸

根據文章六段，研究團隊想知道「喜歡起司和討厭起司的兩種人，他們的大腦

究竟有何不同？」為了達成這個目的，在挑選樣本時，就必須排除「不是純粹討厭，是有其他不可抗原因而不喜歡某樣食物」的樣本。

問題三 解答 ❷

根據文章第八到十段，研究團隊發現討厭起司者因為獎賞系統啟動，外蒼白球、內蒼白球、黑質這些與獎賞系統關聯密切的部位就跟著改變血流。另外，除了喜歡的食物能啟動獎賞系統，「避開」討厭的食物也能啟動獎賞系統。

問題四 解答»

實驗目的	實驗方式	實驗控制變因	實驗結果
了解「喜歡起司和討厭起司的兩種人」大腦不同之處。	讓受測者進入fMRI，戴上氧氣面罩，並聞、看不同食物，同時評分。	受測者的慣用手、嗅覺狀態、年齡。	發現討厭起司者的外蒼白球、內蒼白球、黑質三部位血液流動變得不一樣

實驗目的：見第六段。實驗方式：從第七段統整。實驗控制變因：見第七段。

問題五

解答» 回答「與幫助人類生存的任何生理機制」，例如：腎上腺素與汗腺。

根據第九段與第十三段，獎賞系統會避免人類餓死自己；誘因性動機會驅使人類盡可能吃掉出現的食物。這是採集狩獵時期，為確保人類生存的生理機制。腎上腺素：人類遇到重大危險時，會分泌腎上腺素來增加肌肉力量與反應靈敏度，幫助因應危險。汗腺：人類透過流汗來調節體溫，是為了生存的機制。

你看過「狗狗不喜歡被抱」的新聞，但你發現問題了嗎？

問題一 解答 ❸ 參考文章第三段。

問題二 解答 ❸

根據「等等，狗狗真的討厭被抱嗎？」句子後面開展的分析，可知只有選項 3 不是作者提出的質疑，他並沒有認為科倫在分析照片前就已預設結果。

問題三　解答» 請參考以下任一答案。

- 與「文章標題內有疑問句」相關敘述，如：本文標題的設定。
- 與「但這是真的嗎？」相關敘述。如：作者在首段最後使用了疑問句。
- 與「科倫教授『自己分析』」相關敘述。如：作者刻意在自己分析外加上引號，強調分析結果並不客觀。
- 與「狗狗真的討厭被抱嗎？」相關敘述。如：作者在發表自己對研究的看法前，再次使用疑問句。

作者常使用「引起讀者產生疑問意識」的疑問句。作者並特地用上下引號加註，引起讀者注意，點出他認為的不合理之處。

問題四　解答»

<u>正確且完整</u>：「沒有結論」相關敘述。如：狗狗不一定真的討厭被抱。／不確定，可能可以摟抱或撫抱。<u>不正確</u>：喜歡。／不喜歡。／別把狗抱得太緊。（答案不合理或與問題無關）

根據末段，「如果不是緊緊的擁抱，只是摟抱或是撫抱呢？科學有答案嗎？其實還沒有。或許你可以把這當作研究主題……」能得知。

問題五　解答 ❷

歸納法指透過對每個個體進行一系列特定觀察後，發展出一般性的模式。科倫教授從蒐集的幾百張照片進行分析，繼而得出結論，與歸納法概念相同。

跨年夜的捷運改變了地球磁場？那真是比萬磁王還要狂啊！

問題一　解答 ❶ ❸

選項 1：可根據「造成磁場變化的原因其實跟人多、載運量大一點關係都沒有……實際上問題是聚焦在車子運行時的電流影響」得知。選項 2：文中未提

及。選項 3：作者提及「報導至少都犯了二個錯誤，其中第一個大問題都出現在標題」後，分析標題犯了哪些錯。選項 4：文中未提及，且這項研究由臺灣團隊進行。

問題二 解答 ❹

文章提到「捷運造成磁場變化，影響了地磁場觀測結果。」且「實際上問題是聚焦在車子運行時的電流影響，所以車班多、營運時間才是關鍵。」所以頻繁且長時間的運行產生電流，才是真正影響觀測的原因，正確答案為選項 4。

問題三 解答 ❷

作者以新聞報導出發，進一步闡述地球磁場的原理、實際觀測目的與研究結果，證實錯誤的新聞標題與論述會影響民眾看法，並掩蓋辛苦的研究成果。根據文章，他是為了提供正確的科學資訊，並鼓勵讀者思考媒體訊息的內涵。

問題四 解答 ❶

作者提到人類必須比萬磁王狂，跨年夜捷運變化才可能改變地球磁場。這是藉虛構的超能力人物，諷刺報導的錯誤程度只有天馬行空的想像世界才能辦到。

問題五 解答 ❹

本文第二段連用三句「並不是研究有問題」開頭，營造強烈的視覺效果，容易讓讀者把閱讀焦點放在這段訊息，注意到訊息所欲揭露的事實。

外星人新聞釀成雙重災難

問題一 解答»

<u>正確且完整</u>：國外一些媒體對科學訊息過度渲染。
<u>不正確</u>：國內媒體鮮少再檢閱原始研究資料的妥適性（理解錯誤）。／找尋一些較具爭議性或是話題性的研究主題，之後透過標題及內容上的再加工，賣力演繹出能引起興趣並有商業賣點的新聞。（答案模糊）

參考文章第五段。

問題二　解答 ❷

參考文章第六段。選項 1：國外媒體「賣力演繹出能引起興趣並有商業賣點的新聞」。選項 3：國內媒體「鮮少會再檢閱原始研究資料的妥適性」。選項 4：「國內媒體的從業人員多不具科學背景」。

問題三　解答 ❸

根據末段，作者希望閱聽人能理智拒絕光怪陸離的科學新聞，而媒體人能協助公眾管控及監督科技的公共議題。僅選項 3 符合。選項 1 ：未經查證即相信報導內容。選項 2 ：此行為同第六段提及的「第二重災難」，與作者期盼相斥。選項 4 ：看到有趣的標題就相信內容，未查證消息的真實性。

問題四　解答 ❸

選項 1、2、4 同文中新聞，其事件皆經過媒體過度推論，變得和原來內容不符。

問題五　解答 ❹

本文旨在說明科技新聞的雙重災難（媒體未查證消息、過度扭曲消息）。選項 1：若新聞被扭曲，就無法看出事件的真實性，應先了解事件真實性，再審視新聞的正確性。選項 2：文中未提及臺灣的名嘴現象，且名嘴談話內容與過度渲染的科技新聞一樣有事件真實性的疑慮。選項 3：文中未提及如何判斷外媒消息。選項 4 ：文中提到的雙重災難，即是民眾科學素養無法提升的原因。

為什麼比起數據，人們更容易相信個案？

問題一

解答»「『理解個案』比『理解數據』更快也更容易。」相關敘述。
例如：個案比數據容易理解。

根據敘述「每人都能理解他人的經歷，這或許是生物的其一本能。然而對數據的解讀與理解，卻是需要後天的學習……所以說，『理解個案』比『理解數據』更快也更容易。」可得知。

問題二 解答 ❷

選項 1：受測者接受度是看完藥物成功率和個案結果好壞的統計結果。選項 3：臨床測試成功率＝藥物成功率，從表格來看，並沒有成功率越高，接受度也越高的狀況。選項 4：藥物成功率是統計所有個案試藥好壞的結果。

問題三 解答 ❹

本文旨在說明比起數據，人天性容易相信個案結果。只有選項 4 是以素人案例的經驗來打動消費者。選項 1 是以數據及醫生專業來說服消費者。選項 2 是增加品牌能見度。選項 3 能增加品牌能見度和累積商品口碑。

問題四 解答 ❷

作者在末段統整前述內容，指出雖然研究證明人天生較不理性，易相信個案，但我們也能抱持積極態度，透過後天學習來增加理性，與感性平衡。選項 1 ：文中沒有提及商品制約的概念。選項 3 ：本文提及的研究並沒有隨便相信個案的受測結果。選項 4 ：本文雖然有一張實驗結果的表格，但只是為了輔助文字說明，文中內容的大意與「圖文字是推動媒體識讀趨勢」無關。

問題五 解答 ❶

作者在文中詳細介紹了一個研究，研究的結果顯示人們比較傾向相信個案結果，而非客觀的數據。因此作者是舉出實驗研究結果來說明。

我們容易受騙，是因為大腦漏洞百出

問題一 解答 ❸

作者指出「我們的感官在接收到外在世界的能量和資訊後，會產生電生理變化……大腦對這些電生理訊號做出詮釋之後，重新創造出一個類似外在世界的『虛擬世界』。」並舉出幾項大腦受騙的例子來證明。

問題二 解答» 為了應付情境而以正確性換取速度。

文中提到大腦為了應對瞬息萬變的世界，常得「選擇犧牲少許的『正確性』來換取『速度』。而一旦犧牲了『正確性』，大腦就注定會容易受騙。」